NOMENCLATURA BÁSICA DE QUÍMICA INORGÂNICA

Adaptação simplificada, atualizada e comentada das regras da IUPAC para a língua portuguesa (Brasil)

Blucher

Henrique Eisi Toma
Ana Maria da Costa Ferreira
Ana Maria Galindo Massabni
Antonio Carlos Massabni

NOMENCLATURA BÁSICA DE QUÍMICA INORGÂNICA

Adaptação simplificada, atualizada e comentada das regras da IUPAC para a língua portuguesa (Brasil)

Nomenclatura básica de química inorgânica
© 2014 Henrique Eisi Toma
Ana Maria da Costa Ferreira
Ana Maria Galindo Massabni
Antonio Carlos Massabni

Editora Edgard Blücher Ltda.

Blucher

Rua Pedroso Alvarenga, 1245, 4° andar
04531-012 - São Paulo - SP - Brasil
Tel 55 11 3078-5366
contato@blucher.com.br
www.blucher.com.br

Segundo Novo Acordo Ortográfico, conforme 5. ed. do *Vocabulário Ortográfico da Língua Portuguesa*, Academia Brasileira de Letras, março de 2009.

É proibida a reprodução total ou parcial por quaisquer meios, sem autorização escrita da Editora

Todos os direitos reservados a Editora Edgard Blücher Ltda.

FICHA CATALOGRÁFICA

Nomenclatura básica de química inorgânica: adaptação simplificada, atualizada e comentada das regras da IUPAC para a língua portuguesa (Brasil) / Henrique E. Toma ...[et al]. - São Paulo: Blucher, 2014.

Bibliografia
ISBN 978-85-212-0827-3

1. Química 2. Química inorgânica - Nomenclatura I. Toma, Henrique E.

14-0276 CDD 546

Índice para catálogo sistemático:
1. Química inorgânica

SOBRE OS AUTORES

Henrique Eisi Toma

Químico pela USP doutorou-se em 1974 e é Professor Titular do Instituto de Química da USP. Dirige, atualmente, o Núcleo de Apoio à Nanotecnologia e Nanociências da USP. É membro da Academia Brasileira de Ciências e Representante Nacional na Divisão de Química Inorgânica da IUPAC.

Ana Maria da Costa Ferreira

Química e licenciada pela USP, doutorou-se em 1976 e é Professora Titular do Instituto de Química da USP. Lidera o Laboratório de Bioinorgânica, Catálise e Farmacologia do IQ-USP, desenvolvendo estudos sobre novos metalofármacos e seus mecanismos de atuação. Paralelamente, ministra diversas disciplinas de Química Inorgânica, desde 1978.

Ana Maria Galindo Massabni

Professora Assistente Doutora do Instituto de Química da UNESP do Campus de Araraquara, SP, aposentada. Bacharel em Química (USP-1970), Licenciada em Química (USP-1971) e Doutora em Ciências (USP-1976). Desenvolveu suas atividades acadêmicas junto ao Departamento de Química Geral e Inorgânica do IQ – UNESP. Foi Coordenadora do Curso de Graduação em Química e Chefe do Departamento, docente no Curso de Graduação e de Pós-Graduação em Química e pesquisadora na área de Química e Espectroscopia de Lantanídios.

Antonio Carlos Massabni

Professor titular do Instituto de Química da UNESP/Araraquara. Possui Licenciatura em Química (UNESP – 1966), Bacharelado em Química (1967) e Doutorado em Química Inorgânica (1973). Foi Diretor do Instituto de Química de Araraquara – UNESP (1988-1992) e coordenador do curso de Pós-Graduação em Química. Diretor de Fomento à Pesquisa da FUNDUNESP (1997-2001). Representante do Brasil na Comissão de Nomenclatura em Química Inorgânica da IUPAC (1983-1985).

CONTEÚDO

PREFÁCIO

A nomenclatura química é um assunto complexo e em constante evolução, como a própria ciência. O primeiro sistema de nomenclatura química foi desenvolvido por Morveau, em 1782, e ampliado por Lavoisier e sua Escola nos anos seguintes. Em 1833, Gmelin isolou o composto $Co(NH_3)_6Cl_3$, marcando o início da química das aminas de cobalto, que propiciaria o surgimento da Química de Coordenação. O desconhecimento da natureza dos compostos tornava difícil enquadrá-los no sistema de nomenclatura adotado por Lavoisier. Por essa razão, a cor marcante dos compostos foi utilizada por Frémy[1,2], em 1852, como forma de nomenclatura, adotando designativos como *flavo* (marrom), *lúteo* (amarelo), *práseo* (verde), *róseo* (vermelho-rosa), *purpúreo* (vermelho-púrpura) e *vióleo* (violeta), derivados do latim.

A partir de 1897, essa forma primitiva de nomenclatura deu lugar a um sistema muito mais elaborado, proposto por Werner[3-5], com base no modelo de coordenação que havia criado. A evolução da nomenclatura desde a época de Werner até os anos 1960 já foi comentada por Fernelius[6,7]. Em 1957, foram publicadas as regras "oficiais" da International Union of Pure and Applied Chemistry (IUPAC), para a Química Inorgânica[8]. Em 1971, a IUPAC lançou novas recomendações para a nomenclatura em Química Inorgânica[9]. Essas regras evoluíram significativamente com a atualização de 1990, publicadas no chamado "Livro Vermelho" da

IUPAC[10]. Em 2000, a IUPAC lançou uma nova atualização do Livro Vermelho[11], em caráter complementar à edição de 1990 e, em 2005, outra atualização foi publicada[12], abrangendo as edições anteriores e considerada um guia indispensável para os químicos inorgânicos. Já em 2012, a IUPAC produziu o chamado Livro Dourado[13] sob a forma de um glossário, incluindo os livros de nomenclatura editados para todas as áreas, reconhecidos pelas cores das capas (*Red Book*, para Química Inorgânica, *Blue Book*, para Química Orgânica, *Green Book*, para Quantidades, Unidades e Símbolos em Físico-Química).

No Brasil, as preocupações com a nomenclatura em Química Inorgânica remontam à década de 1930, com os ensaios e propostas de Rheinboldt[14,15] ainda recém-chegado ao país, e de Furia[16]. Em 1960, Krauledat[17] fez uma adaptação das regras da IUPAC de 1957, para a língua portuguesa. Um quarto de século depois de Krauledat, os autores desse livro publicaram uma adaptação[18] das regras de nomenclatura para compostos de coordenação, para fins didáticos, baseada nas recomendações da IUPAC de 1970. Entretanto as mudanças continuaram ocorrendo e as regras do último Livro Vermelho de 2005 ainda não foram devidamente trabalhadas e assimiladas em nossa língua. Considerando a expansão da literatura em Química Inorgânica, editada em português, a questão da nomenclatura está sendo um grande dilema para os autores, tradutores, professores e estudantes.

Neste trabalho, está sendo apresentada uma adaptação para a língua portuguesa falada no Brasil, incorporando a última revisão ortográfica, das regras de nomenclatura baseadas nas várias edições da IUPAC e consolidadas na versão de 2005. A ideia original que norteou a produção deste livro foi inspirada na iniciativa da American Chemical Society (ACS), em 1990, que deu origem ao texto *Inorganic Chemical Nomenclature*[19]. Outro livro relevante nesse sentido foi publicado em 1998[20]. Assim, da mesma forma que a publicação da ACS, procurou-se manter um paralelismo com os "livros vermelhos" na estruturação dos itens e dos exemplos e, ao mesmo tempo, apresentar os fundamentos da nomenclatura em nossa língua.

Ao longo deste trabalho iniciado há mais de uma década, surgiram inúmeras questões ortográficas inerentes à estrutura da língua portuguesa, como a colocação da letra "h" no interior das palavras e o uso do hífen antes de prefixos não triviais. Na difícil tarefa de conciliar a tradução e a adaptação das regras de nomenclatura da IUPAC respeitando a ortografia oficial da língua portuguesa no Brasil, priorizou-se a clareza exigida na abordagem científica para evitar a ambiguidade dos termos e dos nomes. Dessa forma, quando necessário, deu-se preferência ao uso de hífen e dos símbolos de clausura (parênteses, colchetes e chaves) para preservar a identidade das espécies. Entretanto, enquanto os símbolos de clausura são próprios da nomenclatura química, no caso do hífen, seu uso ortográfico já se encontra bem regulamentado. Felizmente, as recentes alterações nas regras ortográficas da língua portuguesa foram muito favoráveis à nomenclatura química. O hífen passou a ser obrigatório quando os prefixos antecedem palavras iniciadas com a letra "h". Assim, já é possível escrever mono-hidrato, em vez de monoidrato, ou di-hidrogênio em vez de diidrogênio. Então, os nomes iniciados com a letra "h" ficaram preservados nesta versão da nomenclatura química em língua portuguesa. O hífen também passou a ser obrigatório quando o prefixo se une a uma palavra, levando à repetição de letras, como em di-iodo, poli-iodeto. Entretanto, o uso do hífen deve ser eliminado, segundo as regras ortográficas atuais, quando o prefixo se une a uma palavra iniciada com consoante (exceto r, s, ou h). Por essa razão, nesses casos, foram utilizados os símbolos de clausura, para manter a integridade dos nomes e, consequentemente, facilitar seu reconhecimento, evitando ambiguidades, sem violar as regras ortográficas atuais.

O nome de um composto não só serve para sua identificação, mas, muitas vezes, encerra informações importantes sobre sua estrutura, frequentemente complicada, embora interessante do ponto de vista das ligações ou de suas propriedades. Assim, em muitas das adaptações realizadas, foi necessário recorrer à experiência acumulada no ensino e pesquisa em Química Inorgânica, para tornar mais fácil a tarefa de dar nomes aos compostos.

A publicação deste livro passou por um período de maturação de vários anos. Sua primeira versão ficou pronta em 2004, mas acabou sendo inibida pela publicação do novo livro vermelho da IUPAC, em 2005. Desde então, foi publicada a adaptação do *Guia IUPAC para a Nomenclatura dos Compostos Orgânicos*[21] para a língua portuguesa nas variantes europeia e brasileira[22].

Atualmente, com a crescente complexidade dos compostos químicos, a nomenclatura está ficando muito sobrecarregada de simbologias e detalhes, comprometendo sua praticidade. Recursos computacionais vêm sendo desenvolvidos para formular a nomenclatura segundo os moldes estabelecidos pela IUPAC, porém ainda são pouco acessíveis e demandam recursos e treinamento. De qualquer forma, os nomes gerados ficarão cada vez mais distantes da compreensão do usuário convencional, e alternativas mais simples terão de ser desenvolvidas em benefício da literatura química. Essa preocupação foi incorporada pelos autores, buscando a simplificação e a racionalidade, sempre que possível.

Assim, em benefício da clareza, recomenda-se a inclusão das fórmulas químicas junto aos nomes dos compostos, e a definição das abreviaturas utilizadas em local apropriado. Em situações de nomenclatura demasiadamente complexa, muitos autores consagrados já têm feito uso da enumeração dos compostos, ao lado de suas fórmulas, passando a mencioná-los pelos números, em vez dos respectivos nomes, em suas publicações. Esse procedimento é discutível, porém deve ser entendido como um recurso justificável, talvez em último caso, para não prejudicar a fluência das ideias ou a qualidade do texto.

Com certeza, este trabalho não é definitivo, assim como a própria nomenclatura. Muitos problemas ainda serão apontados, e terão de ser discutidos em função da complexidade e da evolução da própria Química.

CAPÍTULO 1

NOMENCLATURA QUÍMICA E GRAMÁTICA

Na Química são utilizados sinais gráficos, símbolos, letras, números, prefixos e sufixos para escrever as fórmulas e os nomes das substâncias.

Uso de ponto, vírgula, hífen, traço, parênteses, colchetes, chaves, letras, numerais, sinais + e –, asterisco e apóstrofo

Ponto

O ponto (•) é utilizado como sobrescrito ao lado direito da fórmula para indicar elétron desemparelhado em radicais.

É recomendável o uso de um símbolo cheio, para dar destaque e visibilidade. Essa indicação é mais frequente em radicais orgânicos. Em compostos de coordenação, a existência de elétrons desemparelhados é muito comum, e sua indicação é relativamente rara, a não ser que se queira dar destaque a esse fato.

Exemplos:

$H^{\bullet}$

$(OH)^{\bullet}$

$[V(CO)_6]^{\bullet}$

No último exemplo, a notação radicalar se estende a toda molécula e não permite identificar o átomo ou grupo específico envolvido. Essa situação é muito rara e serve apenas como ilustração.

O ponto também é usado como separador, nas fórmulas de hidratos, compostos de adição, sais duplos e óxidos duplos. Nesses casos, o posicionamento no centro da linha é recomendado oficialmente pela IUPAC, sem destaques, com o uso de símbolos cheios.

Exemplos:

$CuSO_4 \cdot 5H_2O$

$NH_3 \cdot BF_3$

$(NH_4)_2SO_4 \cdot NiSO_4 \cdot 6H_2O$

$Ta_2O_5 \cdot 4WO_3$

O uso do ponto nem sempre traduz uma composição real e sua presença em uma fórmula deve ser interpretada com cautela. Por exemplo, nos hidratos metálicos, as moléculas de água podem estar tanto coordenadas ao metal quanto ficar em posições reticulares no sólido cristalino. Suas propriedades são distintas, contudo tal conhecimento nem sempre está disponível para ser incorporado à designação escrita. Por exemplo, no caso do $CuSO_4 \cdot 5H_2O$, quatro moléculas de água encontram-se coordenadas ao íon metálico e são praticamente equivalentes; a quinta molécula, juntamente com o íon sulfato, encontra-se em posição mais distante. A representação mais correta é $[Cu(H_2O)_4]SO_4 \cdot H_2O$.

Vírgula

A vírgula (,) é utilizada para separar as letras ou os números que indicam as posições dos átomos ou dos substituintes nos nomes dos compostos.

Exemplos:

cis-bis(glicinato-κ*N*,κ*O*)platina(II)

2,2'-bipiridina

Hífen

O hífen (-) é empregado nas fórmulas e nos nomes dos compostos para promover separação e clareza.

Exemplo:

tri-μ-carbonil-bis(tricarbonilferro)

Seu uso está sendo recomendado para evitar a eliminação da letra "h" no interior do nome, prejudicando a percepção dos componentes químicos envolvidos, como em ciclo-hexano, em vez de cicloexano. De fato, o uso do hífen já está regulamentado pelas regras oficiais de ortografia, e a adoção desse procedimento nas regras de nomenclatura é perfeitamente aceitável, em razão da necessidade de preservar a clareza e a identidade das espécies envolvidas.

Em se tratando de multiplicativos, é possível o uso de símbolos de clausura (parênteses, colchetes e chaves) no lugar do hífen, como em di(hidreto) de cálcio, CaH_2. Contudo, quando o multiplicativo faz parte do nome, o uso do hífen é mais adequado, como em di-hidrogenofosfato de sódio, $Na(H_2PO_4)$, para diferenciar da notação de mesma sonoridade, di(hidrogenofosfato) de cério(IV), aplicável ao composto $Ce(HPO_4)_2$. Neste último caso, como será discutido mais adiante, para evitar a coincidência de sonoridade, é preferível usar o prefixo bis, no lugar do multiplicativo di, ou seja, bis(hidrogenofosfato) de cério(IV).

Traço (ou travessão)

O traço é usado nas fórmulas estruturais para indicar uma ligação química e nos nomes dos compostos para indicar a ligação metal-metal. Na formulação dos nomes, recomenda-se o uso de *itálico* no símbolo dos elementos.

Exemplo:

$[(CO)_5Mn—Mn(CO)_5]$

bis(pentacarbonilmanganês)(*Mn-Mn*)

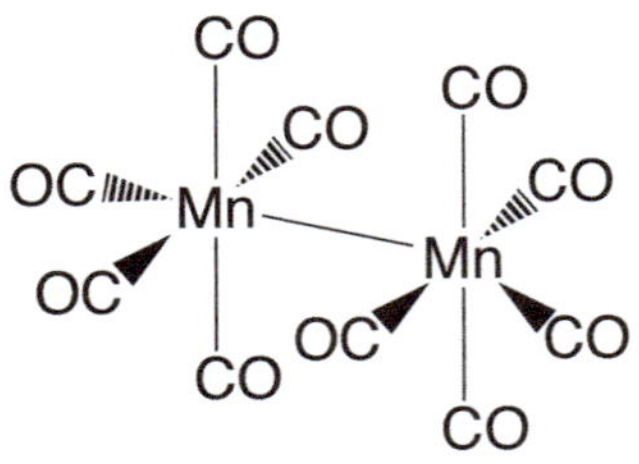

CO
CO
CO
OC Mn
CO
Mn
OC
OC
CO
CO
CO

Parênteses, colchetes e chaves

Parênteses, colchetes e chaves são utilizados com frequência nessa sequência de hierarquia não repetitiva, ou seja, {[( )]}, nas fórmulas e nos nomes dos compostos para preservar a identidade e a clareza.

No caso dos compostos de coordenação, o colchete deve vir sempre em primeiro lugar na fórmula, ou seja, [{( )}], para expressar a composição da esfera interna ao redor do centro metálico. As espécies não coordenadas ao metal fazem parte da esfera externa e são colocadas fora dos colchetes. Na ausência de colchetes, a representação deve ser interpretada como expressão da fórmula geral, sem diferenciação das esferas interna e externa de coordenação.

Exemplos:

$[Co(NH_3)_5(ONO)]SO_4$ – fórmula de coordenação

$Co(NH_3)_5(NO_2)SO_4$ – fórmula geral

$[CuCl_2\{OC(NH_2)_2\}_2]$ – fórmula de coordenação

$CuCl_2\{OC(NH_2)_2\}_2$ – fórmula geral

Letras

São utilizadas letras maiúsculas em *itálico*, para indicar os átomos do ligante que estão coordenados ao metal, precedidas da letra grega κ (capa).

Exemplo:

cis-bis(glicinato-κ*N*,κ*O*)paládio(II)

As letras do alfabeto grego são frequentemente utilizadas nas fórmulas e nos nomes dos compostos em Química Inorgânica, para indicar isômeros geométricos ou ópticos e tipos de ligação. As letras gregas comumente empregadas são: δ e Δ (delta), η (eta), κ (capa), λ e Λ (lâmbda) e μ (mü). O significado será visto mais adiante.

Exemplo:

$[Fe(\eta^5\text{-}C_5H_5)_2]$

bis(η^5-ciclopentadienil)ferro(0); ou

bis(η^5-ciclopentadienido)ferro(II)

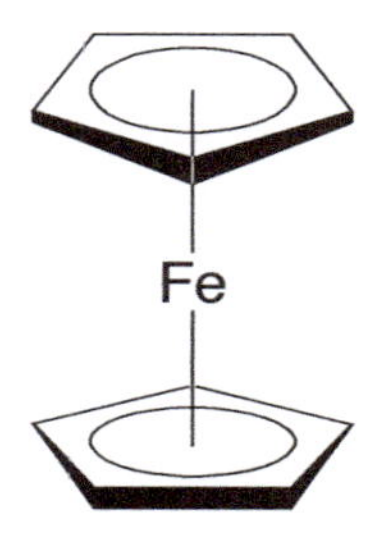

Números

Os algarismos arábicos são empregados nas fórmulas das substâncias químicas para indicar a proporção de átomos e moléculas, a carga do íon complexo e a proporção dos constituintes em óxidos duplos.

Exemplos:

$[Co(NH_3)_6]Cl_3$

$[Ni(H_2O)_6]^{2+}$

$8WO_3 \cdot 9Nb_2O_5$

Eles também são empregados nos nomes e na representação estrutural dos compostos para identificar a posição dos átomos e dos substituintes.

Exemplos:

4,4'-bipiridina

4 N 1 1' N 4'
3 2 2' 3'

1,2,5-tricloropentassilano

$$\begin{array}{ccccccccc} 1 & & 2 & & 3 & & 4 & & 5 \\ & & H & & H_2 & & H_2 & & \\ H_2Si & - & Si & - & Si & - & Si & - & SiH_2 \\ | & & | & & & & & & | \\ Cl & & Cl & & & & & & Cl \end{array}$$

Os algarismos romanos são utilizados nas fórmulas e nos nomes dos compostos para indicar os números de oxidação dos elementos.

Exemplos:

$[Fe^{II}(H_2O)_6]^{2+}$ íon hexa(aqua)ferro(II)

$K_4[Fe^{II}(CN)_6]$ hexacianidoferrato(II) de potássio

$K_3[Fe^{III}(CN)_6]$ hexacianidoferrato(III) de potássio

Sinais + e –

Os sinais + (mais) e – (menos) são utilizados para indicar a carga de um íon na fórmula ou no nome do composto e devem ser colocados após o número que indica a carga.

Exemplos:

Cl^-, Fe^{3+}, SO_4^{2-}, íon tetracarbonilcobaltato(1–)

Por convenção, não se deve colocar o sinal antes do número, como em: Fe^{+3}, SO_4^{-2}, íon tetracarbonilcolbaltato(–1).

Esses sinais podem indicar, também, o desvio para a direita (+) ou para a esquerda (–) do plano da luz polarizada na fórmula e no nome do composto opticamente ativo.

Exemplos:

$(+)_{589}[Co(en)_3]^{3+}$ (en = 1,2-etanodiamina ou etilenodiamina)

íon $(+)_{589}$-tris(1,2-etanodiamina)cobalto(III)

Asterisco

O asterisco (*) é empregado na fórmula para indicar a existência de um centro quiral sobre o elemento.

Exemplo:

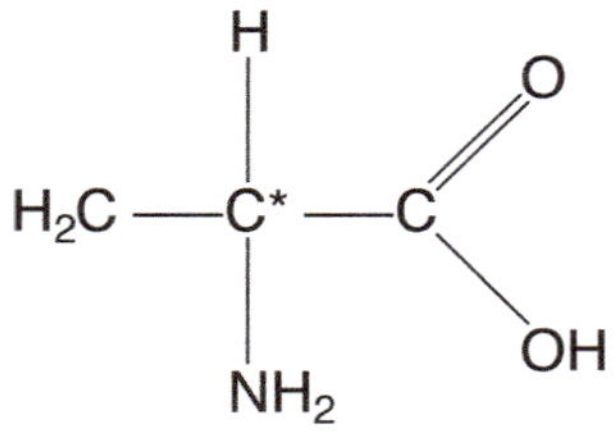

Esse símbolo também é indicativo de estado excitado.

Exemplos:

$(NO)^*$

$(CO_2)^*$

Apóstrofo

O apóstrofo (simples, duplo) é usado para diferenciar a posição de elementos equivalentes em uma estrutura, como em 4,4'-bipiridina, e nos nomes dos compostos de coordenação, quando mais de um átomo do mesmo elemento no ligante se ligam ao metal.

Exemplo:

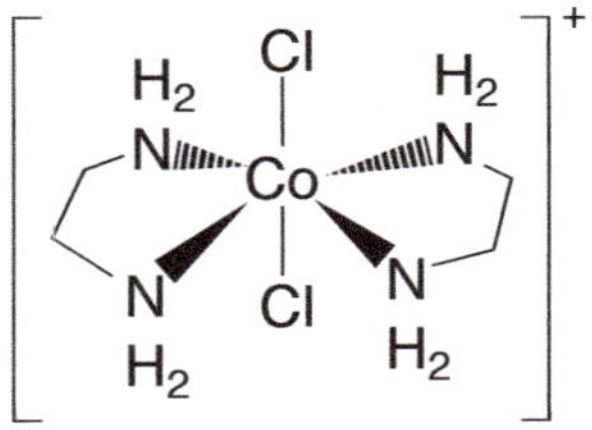

íon *trans*-diclorido(1,2-etanodiamina-κ^2*N*,*N'*)cobalto(III)

Prefixos e sufixos

Os prefixos numéricos utilizados na Química Inorgânica estão listados na Tabela 1.1. A sequência **mono-**, **di-**, **tri-**, **tetra-** etc. é utilizada em casos diretos, nos quais não existem ambiguidades de escrita ou sonoridade. Nesses casos, utilizam-se os prefixos numéricos alternativos, **bis-**, **tris-**, **tetraquis-** etc. A partir do prefixo tetra, basta acrescentar a terminação **-quis** para gerar os prefixos alternativos.

Tabela 1.1 – Prefixos numéricos utilizados na Nomenclatura Química

1	mono-	19	nonadeca-
2	di- (bis-)	20	icosa-
3	tri- (tris-)	21	henicosa-
4	tetra- (tetraquis-)	22	docosa-
5	penta- (pentaquis-)	23	tricosa-
6	hexa- (hexaquis-)	30	triaconta-
7	hepta- (heptaquis-)	31	hentriaconta-
8	octa- (octaquis-)	35	pentatriaconta-
9	nona- (nonaquis-)	40	tetraconta-
10	deca- (decaquis-)	48	octatetraconta-
11	undeca-*	50	pentaconta-
12	dodeca-	52	dopentaconta-
13	trideca-	60	hexaconta-
14	tetradeca-	70	heptaconta-
15	pentadeca-	80	octaconta-
16	hexadeca-	90	nonaconta-
17	heptadeca-	100	hecta-
18	octadeca-		

*Observação: os prefixos de 11 a 100 também levam o sufixo **quis-**.

Alguns prefixos estruturais e seus respectivos significados

anidro-	sem água
assim-	assimétrico
catena-	estrutura em cadeia
ciclo-	estrutura cíclica
cis-	dois grupos em posições adjacentes
d-	dextrógiro
de, des-	indica saída ou perda (por exemplo, descarboxilação)
fac-	facial (em isomeria)
hipo-	átomo central no menor estado de oxidação (por exemplo, hipocloroso)
iso-	indica igual
l ou ℓ-	levógiro
mer-	meridional (em isomeria)
meso-	forma intermediária, espécie hidratada intermediária de um oxoácido
meta-	forma menos hidratada do oxoácido, forma transitória, posição no anel aromático
orto-	forma completamente hidratada do oxoácido, posição no anel aromático
para-	forma hidratada intermediária do oxoácido, posição no anel aromático
per-	átomo central com estado de oxidação mais elevado (por exemplo, perclórico)
piro-	oxoácido formado por duas moléculas da forma orto pela perda de uma molécula de água
rac-	racêmico
sim-	simétrico
super-	máxima proporção
trans-	dois grupos em posições opostas

Sufixos

-ano	terminação dos nomes dos hidretos saturados de boro e de elementos dos grupos 14, 15 e 16 (por exemplo, borano, silano, germano, fosfano)
-ato	terminação de ânions de oxoácidos, cujos nomes acabam em ico
-eno	indica dupla ligação
-eto	terminação dos nomes de sais derivados de ácidos, cujos nomes acabam em -ídrico
-ico	terminação dos nomes de ácidos inorgânicos oxigenados que têm o elemento central em alto estado de oxidação (por exemplo, sulfúrico, perclórico, fosfórico)
-ídrico	terminação dos nomes de ácidos inorgânicos não oxigenados (por exemplo, sulfídrico, clorídrico, cianídrico)
-il	terminação comum de radicais (por exemplo, hidroxil, metil, acil, acetil, propil)
-ina	terminação de nomes triviais de alguns hidretos (por exemplo, fosfina, hidrazina)
-ino	indica tripla ligação
-io	terminação dos nomes de muitos elementos químicos (por exemplo, nióbio, praseodímio, férmio, nobélio, amerício) e de cátions (por exemplo, amônio, oxônio, hidrazínio)
-ito	terminação dos nomes de sais derivados de ácidos, cujos nomes acabam em -oso (por exemplo, clorito, fosfito)
-ido	terminação de um ligante aniônico com final -eto (por exemplo, bromido, clorido, cianido)
-oceno	terminação de algumas classes de organometálicos (por exemplo, metaloceno, ferroceno, cobaltoceno)
-ônico	terminação dos nomes de alguns ácidos orgânicos (por exemplo, ácido benzenossulfônico)
-oso	terminação dos nomes de ácidos inorgânicos que têm o elemento central em baixo estado de oxidação (por exemplo, sulfuroso, hipocloroso, cloroso)

CAPÍTULO 2

ELEMENTOS, ÁTOMOS E GRUPOS DE ÁTOMOS

2.1 Elementos

Define-se **elemento** (ou substância elementar) como matéria constituída por átomos de mesma espécie, caracterizados por possuírem a mesma carga positiva no seu núcleo. Atualmente, são conhecidos mais de uma centena de elementos químicos, os quais, por meio de combinações, formam toda a matéria conhecida na Terra (Tabela 2.1).

O número de unidades de carga elétrica positiva presente no núcleo de cada átomo é definido como o **número atômico** desse elemento. Por outro lado, define-se número de massa de um núcleo atômico como o número total de prótons e nêutrons nesse núcleo considerado.

O átomo é definido como a menor quantidade, ou quantidade unitária de um elemento, que tem identidade própria e pode existir tanto isoladamente como em combinação com outros átomos.

Nas fórmulas químicas, os átomos são representados por símbolos característicos com letras iniciais maiúsculas. Alguns átomos apresentam mais uma letra (minúscula) para diferenciação, como: rádio = Ra; radônio = Rn; rênio = Re; ródio = Rh; rubídio = Rb; rutênio = Ru; tálio = Tℓ; tântalo = Ta; tecnécio = Tc; telúrio = Te; térbio = Tb; titânio = Ti; tório = Th e túlio = Tm.

Átomos ainda não descobertos, segundo a nomenclatura sistemática aprovada pela IUPAC, são designados por meio da adição das raízes numéricas 0 = nil; 1 = un; 2 = bi; 3 = tri; 4 = quad; 5 = pent; 6 = hex; 7 = sept; 8 = oct; 9 = enn; seguidas da terminação **-io**, típica dos elementos químicos.

Exemplos:

elemento de número atômico 124 = Un+bi+quad+io (Unbiquadio) = Ubq

elemento de número atômico 138 = Un+tri+oct+io (untrioctio) = Uto

Uma vez que tenham sua existência comprovada, os elementos passam a receber nomes oficiais, geralmente homenageando seus descobridores, locais ou personalidades científicas, como em: mendelévio = Md (elemento 101); nobélio = No (elemento 102); lawrêncio = Lr (elemento 103); rutherfórdio = Rf (elemento 104); dúbnio = Db (elemento 105); seabórgio = Sg (elemento 106); bóhrio = Bh (elemento 107); hássio = Hs (elemento 108) e meitnério = Mt (elemento 109).

Tabela 2.1 – Nomes, símbolos e números atômicos dos átomos [Elementos]

Nome	Símbolo	Número Atômico	Nome	Símbolo	Número Atômico
Actínio	Ac	89	Lantânio	La	57
Alumínio	Al	13	Lawrêncio	Lr	103
Amerício	Am	95	Lítio	Li	3
Antimônio (*Stibium*)	Sb	51	Livermório	Lv	116
Argônio	Ar	18	Lutécio	Lu	71
Arsênio	As	33	Magnésio	Mg	12
Astato	At	85	Manganês	Mn	25
Bário	Ba	56	Meitnério	Mt	109
Berquélio	Bk	97	Mendelévio	Md	101
Berílio	Be	4	Mercúrio (*Hydrargyrum*)	Hg	80
Bismuto	Bi	83	Molibdênio	Mo	42
Bóhrio	Bh	107	Neodímio	Nd	60
Boro	B	5	Neônio	Ne	10
Bromo	Br	35	Netúnio	Np	93

Tabela 2.1 – Nomes, símbolos e números atômicos ... (continuação)

Nome	Símbolo	Número Atômico	Nome	Símbolo	Número Atômico
Cádmio	Cd	48	Nióbio	Nb	41
Cálcio	Ca	20	Níquel	Ni	28
Califórnio	Cf	98	Nitrogênio	N	7
Carbono	C	6	Nobélio	No	102
Cério	Ce	58	Ósmio	Os	76
Césio	Cs	55	Ouro (*Aurum*)	Au	79
Chumbo (*Plumbum*)	Pb	82	Oxigênio	O	8
Cloro	Cl	17	Paládio	Pd	46
Cobalto	Co	27	Platina	Pt	78
Cobre (*Cuprum*)	Cu	29	Plutônio	Pu	94
Copernício	Cn	112	Polônio	Po	84
Criptônio	Kr	36	Potássio (*Kalium*)	K	19
Crômio	Cr	24	Praseodímio	Pr	59
Cúrio	Cm	96	Prata (*Argentum*)	Ag	47
Darmstádio	Ds	110	Promécio	Pm	61
Disprósio	Dy	66	Protactínio	Pa	91
Dúbnio	Db	105	Rádio	Ra	88
Einstênio	Es	99	Radônio	Rd	86
Enxofre (*Sulfur*)	S	16	Rênio	Re	75
Érbio	Er	68	Ródio	Rh	45
Escândio (*Scandium*)	Sc	21	Roentgênio	Rg	111
Estanho (*Stannum*)	Sn	50	Rubídio	Rb	37
Estrôncio (*Strontium*)	Sr	38	Rutênio	Ru	44
Európio	Eu	63	Rutherfórdio	Rf	104
Férmio	Fm	100	Samário	Sm	62
Ferro	Fe	26	Seabórgio	Sg	106
Fleróvio	Fl	114	Selênio	Se	34
Flúor	F	9	Silício	Si	14
Fósforo (*Phosphorus*)	P	15	Sódio (*Natrium*)	Na	11
Frâncio	Fr	87	Tálio	Tl	81
Gadolínio	Gd	64	Tântalo	Ta	73
Gálio	Ga	31	Tecnécio	Tc	43

Tabela 2.1 – Nomes, símbolos e números atômicos ... (continuação)

Nome	Símbolo	Número Atômico	Nome	Símbolo	Número Atômico
Germânio	Ge	32	Telúrio	Te	52
Háfnio	Hf	72	Térbio	Tb	65
Hássio	Hs	108	Titânio	Ti	22
Hélio	He	2	Tório	Th	90
Hidrogênio	H	1	Túlio	Tm	69
Hólmio	Ho	67	Tungstênio (*Wolfram*)	W	74
Índio	In	49	Urânio	U	92
Iodo	I	53	Vanádio	V	23
Irídio	Ir	77	Xenônio	Xe	54
Itérbio (*Ytterbium*)	Yb	70	Zinco	Zn	30
Ítrio (*Yttrium*)	Y	39	Zircônio	Zr	40

Cada espécie atômica é denominada nuclídio (forma harmônica, recomendável, com terminação **-io** para os elementos químicos e compostos) e é caracterizada por valores específicos de número atômico e número de massa. Utiliza-se a seguinte simbologia:

$^{m}_{a}X^{n}$

onde:

X – símbolo do elemento ou espécie atômica
a – número atômico
m – número de massa
n – carga iônica

Exemplos:

$^{14}_{7}N$, $^{4}_{2}He$, $^{54}_{26}Fe$

2.2 Isótopos

Isótopos são dois ou mais nuclídios diferentes que apresentam o mesmo número atômico, ou seja, diferem no número de massa.

Exemplos:

$^{16}_{8}O$, $^{17}_{8}O$, $^{18}_{8}O$ (isótopos do oxigênio)

$^{1}_{1}H$, $^{2}_{1}H$, $^{3}_{1}H$ (isótopos do hidrogênio)

O $^{1}_{1}H$ é denominado prótio; o $^{2}_{1}H$ recebe a denominação de deutério, D, e o $^{3}_{1}H$ de trítio, T. Não se deve confundir o isótopo prótio = $^{1}_{1}H$, que se refere ao elemento químico, com a partícula subatômica próton.

A detecção de isótopos é feita, atualmente, com extrema precisão por meio da espectrometria de massas. Por essa razão, os trabalhos recentes estão revelando que a constituição isotópica de um elemento depende de sua origem e idade. Muitos isótopos apresentam decaimento radioativo ou são gerados a partir dele. Assim, pequenas variações na distribuição isotópica de um mesmo elemento já vêm sendo apontadas para amostras provenientes de diferentes locais. Como a distribuição isotópica afeta o cálculo das massas atômicas (ou pesos atômicos), essas grandezas estão sendo constantemente revisadas pela IUPAC em função das novas descobertas.

2.3 Alótropos

Alótropos de um elemento são modificações estruturais diferentes desse mesmo elemento, ou modificações cristalinas com estrutura definida em termos da rede de Bravais (Tabela 2.2). Neste último caso, devem-se especificar a classe cristalina e o tipo de cela unitária bem como o número de átomos em cada cela unitária (como indicado entre parênteses). Por exemplo, a notação (hP4) significa sistema hexagonal (h), com cela primitiva (P) contendo 4 átomos.

Exemplos de formas alotrópicas com diferenças de estrutura:

oxigênio O_2, ozônio O_3

grafite (hP4), diamante (cF8), fulereno C_{60}

fósforo branco, fósforo vermelho, fósforo violeta, fósforo negro (oC8)

Exemplos de formas alotrópicas com diferenças no retículo cristalino:

Fe_n, α-ferro (cI2) e γ-ferro (cF4)

Sn_n, α-estanho (cF8) ou estanho cinza e β-estanho (tI4) ou estanho branco.

Algumas formas alotrópicas correspondem a sólidos amorfos, com estrutura indefinida, como: C_n, carbono vítreo, e P_n, fósforo vermelho.

Tabela 2.2 – Símbolos de Pearson usados para as 14 redes cristalinas de Bravais

Sistema	Símbolo da rede cristalina[a]	Símbolo de Pearson
Triclínico	P	aP[b]
Monoclínico	P	mP
	S	mS
Ortorrômbico	P	oP
	S	oS
	F	oF
	I	oI
Tetragonal	P	tP
	I	tI
Hexagonal (e trigonal P)	P	hP
Romboédrico	R	hR
Cúbico	P	cP
	F	cF
	I	cI

[a] P, S, F, I, R são redes cristalinas: P = primitiva; S =face lateral-centrada; F = todas as faces centradas; I = corpo-centrado; R = romboédrica.

[b] A letra "a" é usada para designar retículo cristalino triclínico (ou anórtico).

2.4 Grupos de elementos

Grupos de elementos químicos são conjuntos que apresentam alguma similaridade. Por exemplo, grupo dos metais alcalinos, alcalino-terrosos, calcogênios, halogênios, gases nobres, lantanídios (lantanoides) e actinídios (actinoides).

A IUPAC tem utilizado a denominação *lanthanoid* e *actinoid* no lugar de *lanthanide* e *actinide*, para evitar a coincidência em inglês, com a terminação *ide* empregada para ânions, como *chloride, bromide, fluoride* etc. Em português, esse problema não existe, pois os ânions recebem a terminação **-eto**, como em cloreto, brometo e fluoreto, e essa justificativa não se sustenta. Assim a tradução de *lanthanide* e *actinide* deve ser **lantanídio** (lantanídeo) e **actinídio** (actinídeo). A terminação **-eo**, ainda encontrada em alguns textos científicos na língua portuguesa, está cedendo lugar para **-io**. Esta é a terminação dominante entre os elementos químicos (hidrogênio, oxigênio, tungstênio, rutênio etc.). Não existe elemento químico terminado em **-eo**.

Os grupos na Tabela Periódica são designados por números, da esquerda para a direita, correspondendo às colunas (veja a Tabela 2.3). Os grupos 1, 2 e de 13 a 18 são denominados grupos principais (*main elements*). Os grupos 3 a 11 correspondem aos elementos de transição.

Um elemento de transição é um elemento que apresenta uma subcamada d (ou f) incompleta ou que forma cátions com subcamada incompleta. A primeira série (Sc, Ti, V, Cr, Mn, Fe, Co, Ni e Cu) compreende os elementos de transição d, enquanto a segunda e a terceira séries incluem os elementos de transição f, lantanídios, do lantânio (La) ao lutécio (Lu), e actinídios, do actínio (Ac) ao lawrêncio (Lr), respectivamente.

Os elementos podem ser ainda classificados em: metais, semimetais e não metais. A IUPAC não recomenda o uso da denominação "metaloide" para os semimetais.

Tabela 2.3 – Designação dos grupos na Tabela Periódica

1	2	3	4	5	6	7	8	9	10	11	12	13	14	15	16	17	18
H																	He
Li	Be											B	C	N	O	F	Ne
Na	Mg											Al	Si	P	S	Cl	Ar
K	Ca	Sc	Ti	V	Cr	Mn	Fe	Co	Ni	Cu	Zn	Ga	Ge	As	Se	Br	Kr
Rb	Sr	Y	Zr	Nb	Mo	Tc	Ru	Rh	Pd	Ag	Cd	In	Sn	Sb	Te	I	Xe
Cs	Ba	La--Lu	Hf	Ta	W	Re	Os	Ir	Pt	Au	Hg	Tl	Pb	Bi	Po	At	Rn
Fr	Ra	Ac--Lr	Rf	Db	Sg	Bh	Hs	Mt	Ds	Rg	Cn		Fl		Lv		

Lantanídios	Ce	Pr	Nd	Pm	Sm	Eu	Gd	Tb	Dy	Ho	Er	Tm	Yb	Lu
Actinídios	Th	Pa	U	Np	Pu	Am	Cm	Bk	Cf	Es	Fm	Md	No	Lr

CAPÍTULO 3
FÓRMULAS

3.1 Fórmulas empírica, molecular e estrutural

As substâncias químicas são representadas por meio de fórmulas constituídas por uma sequência de símbolos atômicos com os devidos qualificativos numéricos. Em uma fórmula, o número de átomos ou grupos atômicos idênticos deve ser indicado por um numeral arábico, subscrito à direita do símbolo correspondente. Estes podem ser colocados entre parênteses ( ), colchetes [ ] ou chaves { }. O uso de sinais de clausura também é recomendado para efetuar a separação dos símbolos nos casos em que ocorre ambiguidade de representação. Os colchetes são tradicionalmente utilizados para representar a composição da esfera de coordenação.

Exemplos:

$CaCl_2$

$K_3[Fe(CN)_6]$

$Na_2[Fe(CO)_4CO_3]$

$[RuCl_2\{P(OCH_3)_3\}_4]$

As cargas iônicas devem ser indicadas por meio de números seguidos pelos respectivos sinais (+ ou -) sobrescritos à direita da fórmula. A IUPAC recomenda que se evite o alinhamento vertical dos sobrescritos com os subscritos existentes, como em

X_y^{n+} (incorreto)

quando deveria ser

${X_y}^{n+}$ (correto)

Exemplos:

Cu^{2+} (não pode ser Cu^{+2})

NO^+

CN^-

${SO_4}^{2-}$ (não pode ser ${SO_4}^{-2}$)

$[Fe(CN)_6]^{4-}$

$[Co(H_2O)_6]^{2+}$

A sequência dos símbolos em uma fórmula pode ser uma questão de conveniência; contudo, visando uniformizar a apresentação, algumas recomendações podem ser feitas:

a. a ordem de citação é dada pelas eletronegatividades relativas dos constituintes, de forma que os elementos mais eletropositivos (por exemplo, elementos metálicos) são colocados primeiro e depois os elementos mais eletronegativos;

b. dentro de cada grupo eletropositivo ou eletronegativo, a sequência segue a ordem alfabética dos símbolos. O símbolo com uma letra, por exemplo, B, precede aqueles que têm duas letras (por exemplo, Be). Nos ácidos de Brönsted, o hidrogênio vem sempre antes, por ser considerado um constituinte eletropositivo.

   Exemplos:

   KCl

   HBr

   H_2SO_4

   $NaHSO_4$

   $IBrCl_2$ (ordem alfabética)

Au_2Bi (composto intermetálico, ordem alfabética)

A sequência dos elementos tem um tratamento diferente no caso de compostos cujos átomos estão dispostos em cadeias. Nesse caso, a sequência deve refletir a ordem com que os átomos se apresentam na estrutura dos compostos.

Exemplos:

SCN^- ânion tiocianato (não CNS^-)

HOCN ácido ciânico

HONC ácido fulmínico

É importante destacar a existência de três tipos de fórmulas, denominadas empírica, molecular e estrutural.

Quando se deseja expressar de maneira simplificada a constituição de um composto, pode-se utilizar a **fórmula empírica**, que reúne uma sequência de símbolos atômicos, tendo mínimos inteiros como subscritos.

Exemplos:

H_2O (não pode ser $HO_{1/2}$)

P_2O_5 (não pode ser $PO_{5/2}$)

NS

$AlCl_3$

HgCl

SCl

Essa fórmula tem conotação empírica, pois geralmente é obtida a partir da determinação experimental dos elementos e de suas respectivas proporções em um dado composto (análise elementar). Restringindo-se aos elementos presentes e suas proporções, ela fornece apenas a composição elementar mínima.

A **fórmula molecular**, por outro lado, representa a composição de moléculas discretas levando em conta todos os constituintes atômicos, com o número exato de vezes em que aparecem na estrutura.

Exemplos:

H_2O (equivale à fórmula empírica)

P_4O_{10} (fórmula empírica P_2O_5)

N_4S_4 (fórmula empírica NS)

Al_2Cl_6 (fórmula empírica $AlCl_3$)

Hg_2Cl_2 (fórmula empírica HgCl)

S_2Cl_2 (fórmula empírica SCl)

A proposição da fórmula molecular exige, portanto, o conhecimento prévio da constituição ou natureza da molécula. Quando isso não é possível, ou nos casos em que a composição depende das condições (por exemplo, temperatura e pressão), é preferível o emprego da fórmula empírica. O enxofre e o fósforo existem na forma molecular, como S_8 e P_4, ou polimérica, dependendo das condições. Na ausência de especificação, deve ser usada a fórmula empírica, como S e P, quando for necessário, evitando com isso o uso indiscriminado das fórmulas nos textos.

Outra maneira de representar a constituição química é dada pela **fórmula estrutural**, que permite expressar como os átomos estão ligados ou dispostos em uma molécula, podendo apresentar vários níveis de detalhamento, desde a simples especificação de uma dada ligação até a orientação espacial dos grupos presentes na estrutura.

Exemplos:

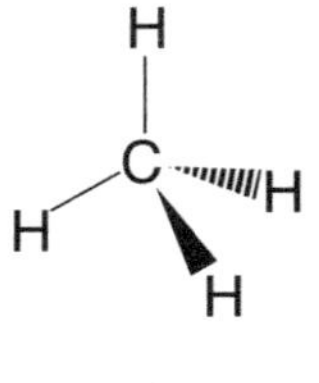

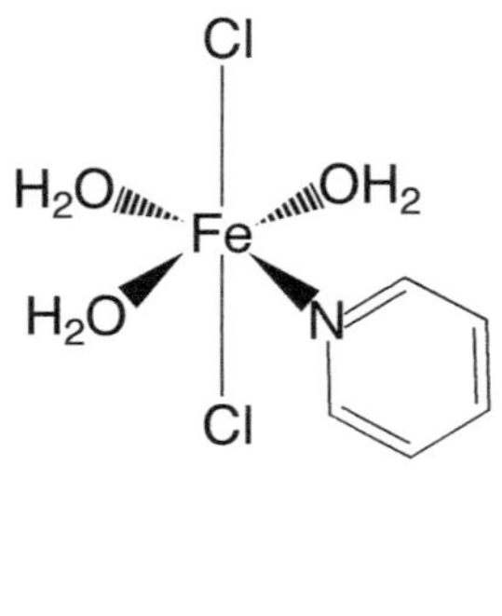

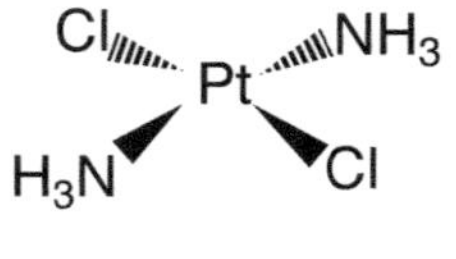

3.2 Inclusão de informações específicas em fórmulas

As fórmulas podem ser enriquecidas com informações importantes a respeito dos estados de oxidação dos elementos, presença de isótopos específicos, além da geometria e das propriedades dos compostos.

a) Estados de oxidação

O conceito de estado de oxidação foi introduzido por Latimer, em seu livro clássico publicado em 1938, *The oxidation states of the elements and their potentials in aqueous solutions*[23]. Esse conceito facilitou muito o tratamento das reações de transferência de elétrons ou redox. Posteriormente, seu significado químico foi amplamente discutido por Jorgensen em *Oxidation numbers and oxidation states* publicado em 1969[24].

Na realidade, apesar de auxiliar muito no cômputo das reações redox, o estado de oxidação representa apenas uma formalidade e não deve ser confundido com a realidade.

Os estados de oxidação foram originariamente definidos para situações decorrentes da transferência de elétrons, como em:

$Fe^{3+} + e^- \rightarrow Fe^{2+}$

Nesse exemplo, o íon Fe^{3+} está no estado de oxidação 3+, e o íon Fe^{2+} está no estado de oxidação 2+.

Os elétrons constituem cargas unitárias e, dessa forma, os estados de oxidação passaram a ser expressos pelos correspondentes números de oxidação com valores inteiros, positivos, negativos ou neutros. Essa ideia foi transposta para os elementos nos compostos, respeitando a tendência natural de receberem e cederem elétrons.

Nesse sentido, cabe uma observação relativa ao número de oxidação, feita recentemente por Pavel Karen[25], junto à IUPAC:

O número de oxidação representa a carga do elemento na abordagem iônica.

De fato, o número de oxidação de um elemento em um composto é visto como o número de unidades de carga que ficaria sobre cada átomo se o par de elétrons de cada ligação fosse atribuído apenas ao elemento mais eletronegativo. Isso corresponde exatamente à descrição feita para uma ligação iônica.

Na prática, porém, nem todas as ligações são iônicas. Em virtude da covalência, a carga real sobre o elemento pode ter valores não integrais, muito diferentes dos números de oxidação correspondentes. Por essa razão, os números de oxidação não devem ser confundidos com a carga real do elemento na molécula.

As cargas reais não podem ser deduzidas a partir de regras simples. Entretanto já podem ser calculadas com razoável confiança, com base nos atuais recursos computacionais e programas de mecânica quântica.

Os números de oxidação fazem parte da nomenclatura química, e existem dois modos de expressá-los. A forma direta foi introduzida por Stock[26-28], explicitando os números de oxidação por meio de algarismos romanos colocados entre parênteses, imediatamente após o nome.

Exemplos:

PCl_5	cloreto de fósforo(V) ou pentacloreto de fósforo
$[Fe(CO)_5]$	pentacarbonilferro(0)
$RuCl_3$	cloreto de rutênio(III) ou tricloreto de rutênio
N_2O	óxido de nitrogênio(I)
NO_2	óxido de nitrogênio(IV)
Fe_3O_4	óxido de ferro(II) e diferro(III)
MnO_2	óxido de manganês(IV)
$Fe_2(SO_4)_3$	sulfato de ferro(III)
Hg_2Cl_2	cloreto de mercúrio(I)
$K_4[Fe(CN)_6]$	hexacianidoferrato(II) de potássio
$K_3[Fe(CN)_6]$	hexacianidoferrato(III) de potássio

$Na_2[Fe(CO)_4]$	tetracarbonilferrato(-II) de sódio
$Fe_4[Fe(CN)_6]_3$	hexacianidoferrato(II) de ferro(III)

Os números de oxidação também podem ser indicados nas fórmulas como sobrescrito colocado à direita do símbolo dos elementos.

Exemplos:

$K[Os^{VIII}(N)O_3]$

$[Fe^{0}(CO)_5]$

Caso o elemento compareça com vários estados de oxidação em uma mesma fórmula, o símbolo atômico deve ser repetido na ordem crescente dos sobrescritos numéricos, como nos exemplos:

$Pb^{II}{}_2Pb^{IV}O_4$

$[Mo^{V}{}_2Mo^{VI}{}_4O_{18}]^{2-}$

A forma indireta foi introduzida por Ewens-Basset[29]. Nessa modalidade, acrescenta-se o valor numérico da carga entre parênteses, imediatamente após o nome do íon. O sinal da carga deve ser especificado bem como o número 1 (unidade), quando for o caso. Esse tipo de nomenclatura deve ser usado quando não se conhece ou não se quer explicitar os estados de oxidação dos elementos presentes.

Exemplos:

$[Ir(Cl)_2(CO)_2]Cl$	cloreto de dicloridodicarbonilirídio(1+)
$(UO_2)_2SO_4$	sulfato de bis(dióxido)urânio(1+)
UO_2SO_4	sulfato de dioxidourânio(2+)
$Na_2[Fe(CN)_5NO]$	pentacianido(nitrosil)ferrato(2-) de sódio
$Na_2[Fe(CO)_4]$	tetracarbonilferrato(2-) de sódio

b) Isótopos

Os isótopos podem ser representados em uma fórmula, pelo símbolo do elemento, tendo o número da massa correspondente sobrescrito à esquerda.

Exemplos:

$H^{36}Cl$ (o isótopo em destaque é o do cloro)

$^{235}UF_6$ (o isótopo em destaque é o do urânio)

$K_4[Fe(^{14}CN)_6]$ (o isótopo em destaque é o do carbono)

c) Caráter radicalar

O termo radical tem sido utilizado com dois significados: a) para expressar a natureza de um substituinte na molécula; e b) para expressar a presença de um ou mais elétrons desemparelhados. Neste último, o termo **radical livre** é mais apropriado.

Na nomenclatura, os radicais, independente da concepção, recebem a terminação **-il**.

Exemplos:

CH_3	metil
C_6H_5	fenil
OH	hidroxil
CO	carbonil
NO	nitrosil
NO_2	nitril
PO	fosforil
SO	sulfinil ou tionil
SO_2	sulfonil ou sulfuril
ClO	clorosil
ClO_2	cloril
SeO	selenil

Entretanto, no caso dos radicais livres, o caráter radicalar deve ser indicado por meio de um ponto, sobrescrito à direita do símbolo do elemento ou grupo de átomos. Esse procedimento não especifica a localização do elétron desemparelhado. Para essa finalidade, é preferível o uso de fórmulas estruturais. No caso de íons radicalares, o ponto representativo deve preceder a indicação da carga. Eventualmente, dois elétrons desemparelhados podem ser representados por dois pontos seguidos, ou ainda por 2·.

Exemplos:

$Cl^{\bullet}$

$(OH)^{\bullet}$

$(NO_2)^{\bullet}$

$^{23}Na^{\bullet}$

$(O_2)^{\bullet-}$

$(O_2)^{\bullet\bullet}$ ou $(O_2)^{2\cdot}$

$(CO_2)^{\bullet-}$

d) Rotação óptica

A indicação do sentido de rotação da luz polarizada deve ser feita entre parênteses antes da fórmula, tendo o respectivo comprimento de onda subscrito à direita.

Exemplos:

$(+)_{589}[Co(NH_2CH_2CH_2NH_2)_3]^{3+}$

$(-)_{589}[Co\{NH_2CH(CH_3)CH_2NH_2\}_3]Br_3$

e) Estados excitados

A indicação de estados eletrônicos excitados é realizada por meio de um asterisco sobrescrito à direita da fórmula.

Exemplos:

He^{*}

$(O_2)^{*}$

f) Isômeros

Os diferentes isômeros geométricos podem ser indicados por meio dos modificadores *cis, trans, fac, mer* etc., em *itálico*, colocados antes das fórmulas, por meio de hífen.

Exemplos:

cis-$[PtCl_2(CO)_2]$

trans-$[CoCl_2(NH_3)_4]^{+}$

fac-$[RuCl_3(NH_3)_3]$

mer-$[RhCl_3(CN)_3]^{3-}$

3.3. Fórmulas de coordenação

O modelo de coordenação é baseado em um átomo central, cercado por outros átomos ou espécies, denominados ligantes. Assim, na formulação dos compostos de coordenação, o símbolo do elemento central é colocado em primeiro lugar, seguido pelos ligantes iônicos e neutros, dispostos em ordem alfabética dentro de cada grupo e, finalmente, enclausurado por colchetes.

A representação dos ligantes e íons poliatômicos, por sua vez, também segue o modelo de coordenação, começando pelo elemento central ou pelo elemento mais característico, como no caso das espécies NH_3, OH^-, SO_4^{2-}, NO_3^-, BH_4^-, cujos símbolos referenciais são N, O, S, N, e B, respectivamente.

Exemplos:

$[PtBrCl(NO_2)NH_3]^-$

cis-$[PtCl_2\{P(C_2H_5)_3\}_2]$

$[PtCl_2(C_5H_5N)NH_3]$

$K_2[OsCl_5N]$

$[Al(OH)(H_2O)_5]^{2+}$

Abreviaturas dos ligantes

Nos compostos de coordenação, os ligantes podem ser representados por abreviaturas em letras minúsculas, colocadas entre parênteses. Uma listagem das abreviaturas mais usadas pode ser encontrada no Capítulo 6.

Exemplos:

$[Co(py)_4][CoCl_4]$

$[Ni(en)_3]Cl_2$

$[Fe(bpy)_3]SO_4$

A abreviatura dos ligantes derivados de ácidos ou correlatos deve indicar a presença de prótons quando for o caso. Por exemplo, a abreviatura usada para o íon acetilacetonato é acac (não acac⁻); no caso da forma ácida (acetilacetona, ou pentano-2,4-diona) utiliza-se Hacac.

Exemplos:

$[Cu(acac)_2]$

$[Cu(Hacac)_2]^{2+}$

3.4 Compostos de adição

Muitos compostos apresentam moléculas discretas em sua composição, as quais são unidas por meio de interações do tipo doador-receptor (ácido-base) ou que fazem parte do retículo cristalino. O termo composto de adição tem sido empregado para designar essas espécies.

A nomenclatura recomendada para os compostos de adição é muito genérica. O nome é formado pela associação dos nomes dos componentes por meio de um traço longo, indicando sua proporção relativa por algarismos arábicos entre parênteses, em representação fracionária. O símbolo numérico é colocado no final do nome e deve ser separado por um espaço. Nos compostos de adição, a denominação da espécie H_2O deve ser água. O termo hidrato tem outro significado e refere-se a um composto que apresenta água de cristalização ligada de forma não específica.

Exemplos:

$Na_2CO_3 \cdot 10H_2O$	carbonato de sódio—água (1/10)
$Al_2(SO_4)_3 \cdot K_2SO_4 \cdot 24H_2O$	sulfato de alumínio—sulfato de potássio—água (1/1/24)
$CaCl_2 \cdot 8NH_3$	cloreto de cálcio—amônia (1/8)
$2CH_3OH \cdot BF_3$	metanol—trifluoreto de boro (2/1)
$BF_3 \cdot 2H_2O$	trifluoreto de boro—água (1/2)
8Kr·46H2O	criptônio—água (8/46)

CAPÍTULO 4

NOMENCLATURA I: ÁCIDOS, BASES E SAIS

4.1 Tipos de nomenclatura

A nomenclatura é a base da comunicação científica, pois permite identificar uma espécie química e diferenciá-la das outras por meio do seu nome ou fórmula. Entretanto, para isso, são necessárias regras e sistemáticas apropriadas.

Neste capítulo são discutidos os nomes dos ácidos, bases e sais, por serem os constituintes inorgânicos mais difundidos na química. É importante observar que existem atualmente três tipos de nomenclatura: a) **nomenclatura de composição**; b) **nomenclatura de substituição**; e c) **nomenclatura de coordenação** (ou adição). Além disso, permanecem os nomes tradicionais, consagrados pelo uso, gerando uma quarta nomenclatura, a **tradicional ou trivial**.

A nomenclatura de composição expressa os constituintes presentes no composto e sua proporção sem qualquer informação adicional.

Exemplos:

VCl_3 tricloreto de vanádio

PCl_5 pentacloreto de fósforo

$FeCl_3$ tricloreto de ferro

A nomenclatura de substituição segue um paralelismo com a nomenclatura dos compostos orgânicos, e é baseada na substituição dos átomos de hidrogênio dos compostos mais simples para cada tipo de elemento, como CH_4, NH_3, H_2S etc.

Já a nomenclatura de coordenação segue a abordagem introduzida por Alfred Werner, adicionando-se os ligantes ao elemento central. Por essa razão, também é denominada aditiva. Embora tenha sido inicialmente formulada para os complexos metálicos, também se aplica admiravelmente bem para as espécies que apresentam um elemento central, como $[BH_4]^-$, PCl_5 e, inclusive, para os oxoácidos em geral.

Assim, o PCl_3 admite três nomes distintos. Para se referir simplesmente à **composição**, pode-se dizer **tricloreto de fósforo**. Quando se quer ressaltar a **natureza** do composto, como um membro da família do fósforo, deve-se dizer **triclorofosfano**. Quando se pretende descrever o composto passando uma ideia de **coordenação** dos cloretos ao fósforo central e/ou destacar seu estado de oxidação, deve-se empregar **tricloridofósforo(III)**.

Muitos compostos, como a água e a amônia, são conhecidos há muito tempo e facilmente identificados pelo seu nome usual. Nomes usuais, não sistemáticos, também podem ser utilizados no caso de compostos mais complicados, para os quais a nomenclatura formal resulta em designações longas e de difícil entendimento, como nos casos dos macrocíclicos e dos metalocenos.

4.2 Diretrizes gerais

As mesmas diretrizes utilizadas na representação das fórmulas dos compostos podem ser usadas para a designação dos nomes após a devida adaptação para a língua portuguesa.

Nas fórmulas, os grupos eletropositivos são colocados antes dos eletronegativos, por exemplo, NaCl. Na língua inglesa, a nomenclatura é direta: *sodium chloride*. Em português, bem como nas línguas latinas em geral, ocorre inversão na ordem de colocação dos termos qualificativos, e a nomenclatura passa a ser cloreto de sódio.

O constituinte eletropositivo monoatômico permanece com o nome do elemento, por exemplo, sódio, potássio, cálcio etc. O nome do constituinte eletronegativo monoatômico normalmente se refere ao ânion correspondente, por exemplo, cloreto (derivado de cloro), brometo (derivado de bromo), carbeto (derivado de carbono), arseneto (derivado de arsênio), siliceto (derivado de silício), hidreto (derivado de hidrogênio), nitreto (derivado de nitrogênio), óxido (derivado de oxigênio), fosfeto (derivado de fósforo) e sulfeto (derivado de *sulphur*, em latim, que significa enxofre em português).

Os prefixos multiplicativos (**mono-**, **di-**, **tri-**, **tetra-**, **penta-** etc.) podem ser usados para indicar a proporção dos constituintes e são colocados junto aos nomes sem o uso de espaço ou hífen. Quando não houver ambiguidade, os multiplicativos podem ser dispensados. Seu emprego, entretanto, é aconselhável para designar diferentes estados de oxidação de um dado tipo de composto. O prefixo mono- geralmente é omitido, a menos que o composto possa apresentar outras estequiometrias.

Exemplos:

NaBr	brometo de sódio
ZnS	sulfeto de zinco
Ca_3N_2	nitreto de cálcio
MgO	óxido de magnésio
CO	monóxido de carbono
CO_2	dióxido de carbono
PbO_2	dióxido de chumbo
Fe_2O_3	trióxido de diferro
Fe_3O_4	tetróxido de triferro
OF_2	difluoreto de oxigênio
O_2F_2	difluoreto de dioxigênio
Na_2S	sulfeto de sódio
Na_2S_2	dissulfeto de sódio

Quando o nome do constituinte começar com multiplicativo, por exemplo, S_2^{2-} (dissulfeto), ou para evitar ambiguidades, devem ser empregados os prefixos alternativos **bis-**, **tris-**, **tetraquis-**, **pentaquis-** etc., que devem preceder os nomes dos constituintes, colocados entre parênteses.

Exemplos:

$Fe_2(S_2)_3$ tris(dissulfeto) de diferro

$Tl(I_3)_3$ tris(triiodeto) de tálio

Se vários constituintes eletropositivos estiverem presentes, os nomes deverão ser citados em ordem alfabética.

Exemplos:

$KMgCl_3$ cloreto de magnésio e potássio

$LiMgCl_3$ cloreto de lítio e magnésio

Nesses exemplos, a composição mais provável seria de um sal duplo, do tipo $KCl{\cdot}MgCl_2$, e por isso a nomenclatura foi colocada de forma genérica, sem especificar cada espécie.

4.3 Cátions

Cátion é uma espécie monoatômica ou poliatômica que possui uma ou mais cargas elementares positivas. Em uma espécie poliatômica, a carga pode estar localizada em um dos átomos, mas pode ser também deslocalizada. A carga do cátion é indicada nos nomes e nas fórmulas químicas dos compostos por números ou pelo estado de oxidação.

As palavras "íon" e "cátion" são utilizadas antes do nome da espécie.

Exemplos:

íon Cr^{3+} ou cátion Cr(III)

íon crômio(3+) ou cátion crômio(III)

Note-se que a carga é indicada como índice superior (número seguido do sinal +) e entre parênteses. Quando a carga do cátion é 1+, o número 1 pode ser omitido.

Exemplos:

H^+ íon hidrogênio(1+), cátion hidrogênio(I)

K^+ íon potássio(1+), cátion potássio(I)

Cu^{2+} íon cobre(2+), cátion cobre(II)

A adição de H^+ a um hidreto resulta em um cátion cujo nome é obtido pela substituição da(s) letra(s) final(is) do nome do hidreto pelo sufixo **-io**.

Exemplo:

$NH_4{}^+$ íon amônio

Os hidretos binários mononucleares, como NH_3, PH_3, AsH_3 e SbH_3, podem formar cátions quando se adiciona H^+, cujos nomes têm a terminação **-ônio**. O nome oxônio é recomendado para H_3O^+, em vez de hidrônio ou hidroxônio.

Exemplos:

H_3O^+ íon oxônio

$PH_4{}^+$ íon fosfônio

$AsH_4{}^+$ íon arsônio

$SbH_4{}^+$ íon estibônio

Espécies catiônicas orgânicas ou inorgânicas em geral, também levam o sufixo **-io**.

Exemplos:

$[N(CH_3)_4]^+$ cátion tetrametilamônio

$[PCl_4]^+$ cátion tetraclorofosfônio

$[CH_3NC_5H_5]^+$ cátion 1-metilpiridínio

4.4 Ânions

Um ânion é uma espécie monoatômica ou poliatômica que possui uma ou mais cargas elétricas negativas. Em uma espécie poliatômica, a carga negativa pode estar mais localizada em um dos átomos ou pode ser deslocalizada. A carga de um ânion pode ser indicada nos nomes ou nas fórmulas químicas pelo uso de um número ou do estado de oxidação. As palavras "íon" e "ânion" devem ser utilizadas antes do nome da espécie. As terminações dos ânions são **-eto**, **-ito** e **-ato**.

Exemplos:

Cl^-	cloreto
Br^-	brometo
S^{2-}	sulfeto
ClO^-	hipoclorito
ClO_2^-	clorito
NO_2^-	nitrito
ClO_3^-	clorato
NO_3^-	nitrato
ClO_4^-	perclorato
CO_3^{2-}	carbonato
SO_4^{2-}	sulfato

Um ânion monoatômico recebe o nome do elemento com o sufixo **-eto**. Em muitos casos são utilizadas contrações conforme os exemplos a seguir.

H^-	hidreto
F^-	fluoreto
P^{3-}	fosfeto
S^{2-}	sulfeto
As^{3-}	arseneto
Se^{2-}	seleneto
Sb^{3-}	antimoneto

N^{3-} nitreto

C^{4-} carbeto

I^- iodeto

Note-se, porém, que o ânion derivado do oxigênio (O^{2-}) é denominado óxido, pelo uso consagrado, em vez de oxigeneto.

O nome de um ânion poliatômico é resultante da adição de um prefixo numérico (**di-**, **tri-**, **tetra-** etc.) e da carga apropriada ao nome do ânion monoatômico correspondente. Há também alguns nomes alternativos.

Exemplos:

O_2^- dióxido(1-) (hiperóxido ou superóxido)

O_2^{2-} dióxido(2-) (peróxido)

O_3^- trióxido(1-) (ozoneto)

I_3^- triiodeto(1-)

C_2^{2-} dicarbeto(2-) (acetileto)

S_2^{2-} dissulfeto

Sn_5^{2-} pentaestaneto(2-)

N_3^- trinitreto(1-) (azoteto)

Há vários ânions cujos nomes triviais são aceitos até hoje.

Exemplos:

OH^- íon hidróxido (e não hidroxila)

NH_2^- amideto

CN^- cianeto

NCS^- tiocianato

NCO^- cianato

$CH_3CO_2^-$ acetato

HCO_2^- formiato

4.5 Ácidos

Ácidos, no conceito de Arrhenius, são substâncias que liberam íons H^+ quando dissolvidas em água. O átomo de hidrogênio é parte do ácido. Com base nesse conceito, uma forma especial de nomenclatura pode ser construída. Entretanto, a rigor, essa hipótese é limitada, uma vez que muitas espécies apróticas, como o $TiCl_4$ e o $NbCl_5$, também se comportam como ácidos, pois geram íons H^+ em água.

Os hidretos binários que resultam da associação do hidrogênio com um não metal eletronegativo são ácidos de Arrhenius, como exemplificado pelo HF, HCl, HBr etc. A nomenclatura nesse caso segue a regra geral, como nos exemplos da Tabela 4.1.

Tabela 4.1 – Ácidos binários e correlatos

Hidretos binários e correlatos	Nomenclatura	Nome usual
HF	fluoreto de hidrogênio	ácido fluorídrico
HCl	cloreto de hidrogênio	ácido clorídrico
HBr	brometo de hidrogênio	ácido bromídrico
HI	iodeto de hidrogênio	ácido iodídrico
H_2S	sulfeto de di-hidrogênio	ácido sulfídrico
HCN	cianeto de hidrogênio	ácido cianídrico

Outros ácidos, que não contêm oxigênio em sua composição, como o HCN, recebem nomes que seguem as mesmas regras dos ácidos binários.

Os ânions haletos e sulfetos estão associados aos ácidos correspondentes com terminação ídrico, na nomenclatura informal:

F^- fluoreto (HF = ácido fluorídrico)

Cl^- cloreto (HCl = ácido clorídrico)

Br^- brometo (HBr = ácido bromídrico)

I^- iodeto (HI = ácido iodídrico)

S^{2-} sulfeto (H_2S = ácido sulfídrico)

Os oxoácidos formam uma classe especial de compostos, nos quais o oxigênio faz parte da estrutura, ligando-se ao elemento central, e, ainda, formando pelo menos uma ligação O–H. A ruptura dessa ligação com perda de íon hidrogênio (H^+) produz uma base conjugada (oxoânion). A fórmula de um oxoácido é escrita citando primeiro o(s) átomo(s) de hidrogênio responsável(eis) pela propriedade ácida, depois o átomo do elemento central e, a seguir, os átomos ou grupos de átomos ligados ao elemento central.

Exemplos:

H_2SO_4 ou $(HO)_2SO_2$

H_2SO_3 ou $(HO)_2SO$

HSO_3Cl ou $(HO)SO_2Cl$

H_3AsO_3 ou $(HO)_3As$

H_3PO_3 ou $(HO)_2P(H)O$

A nomenclatura mais adotada para os oxoácidos, ainda, tem sido a trivial ou tradicional. Entretanto uma nomenclatura sistemática mais rigorosa pode ser feita criteriosamente, empregando-se as regras baseadas nos compostos de coordenação, que serão descritas mais adiante. No sistema trivial, emprega-se a palavra ácido e as terminações **-oso** e **-ico**, para indicar o conteúdo com menos ou mais átomos de oxigênio, respectivamente.

Exemplos:

$HClO_2$ ácido cloroso — $HClO_3$ ácido clórico

H_2SO_3 ácido sulfuroso — H_2SO_4 ácido sulfúrico

HNO_2 ácido nitroso — HNO_3 ácido nítrico

H_3PO_3 ácido fosforoso — H_3PO_4 ácido fosfórico

Esse sistema de nomenclatura apresenta uma desvantagem. O conteúdo de oxigênio está relacionado ao número de oxidação do elemento central, mas as terminações não descrevem o mesmo estado de oxidação para diferentes famílias de ácidos. Por exemplo, ácido sulfuroso e ácido sulfúrico referem-se aos estados de oxidação IV e VI do enxofre, enquanto ácido cloroso e ácido clórico referem-se aos estados III e V do cloro. Quando há mais de dois oxoácidos do mesmo elemento central, empregam-se os prefixos **hipo-** e **per-** para designar estados de oxidação mais baixos e mais altos, associando-se os sufixos **-oso** e **-ico**, respectivamente.

Exemplos:

$HClO$	ácido hipocloroso
$HBrO$	ácido hipobromoso
HIO	ácido hipoiodoso
$H_2N_2O_2$	ácido hiponitroso
HPH_2O_2	ácido hipofosforoso
$H_4B_2O_4$	ácido hipobórico
$H_4P_2O_6$	ácido hipofosfórico
$HClO_4$	ácido perclórico
$HBrO_4$	ácido perbrômico
HIO_4	ácido periódico
$HMnO_4$	ácido permangânico
$H_2B_2(O_2)_2(OH)_4$	ácido perbórico

Além desses, outros prefixos, como **orto-**, **meta-** e **piro-**, têm sido empregados com a finalidade de diferenciar ácidos quanto ao "conteúdo de água". O ácido mais hidratado de uma família recebe o prefixo **orto-**. O ácido resultante da retirada de uma molécula de água do ortoácido recebe o prefixo **meta-**. O prefixo **piro-** é usado para o ácido resultante da condensação de duas moléculas do ortoácido com eliminação de uma molécula de água. A condensação de moléculas do ortoácido origina uma série de isopoliácidos para os quais se empregam os prefixos multiplicativos (**di-**, **tri-**, **tetra-**, **penta-** etc.) de acordo com o tamanho da cadeia.

Exemplos:

H_3PO_4	ácido ortofosfórico
$(HPO_3)_n$	ácido metafosfórico
$H_4P_2O_7$	ácido pirofosfórico ou ácido difosfórico
$H_5P_3O_{10}$	ácido trifosfórico

A nomenclatura tradicional destaca a propriedade química, neste caso, a propriedade ácida. É uma nomenclatura funcional. Para os ácidos mais comuns, é aceitável o uso dos nomes tradicionais, bem conhecidos e utilizados há longo tempo. Há desvantagens em seguir essas regras, algumas das quais foram citadas anteriormente. Os nomes tradicionais não fornecem informações sobre o número de átomos de oxigênio ou sobre o número de átomos de hidrogênio (ácidos ou não). Assim, oficialmente, é importante conhecer a nomenclatura sistemática, descrita a seguir.

4.6 Nomenclatura de ácidos baseada no hidrogênio

Os nomes sistemáticos são dados como se os compostos fossem sais, nos quais o cátion é o átomo de hidrogênio ácido. O nome é formado por duas palavras: a primeira é o nome do ânion, a segunda indica os átomos de hidrogênio ácidos; portanto, emprega-se o nome hidrogênio precedido pelo multiplicativo adequado.

Exemplos:

HF	fluoreto de hidrogênio
HCl	cloreto de hidrogênio
HBr	brometo de hidrogênio
HI	iodeto de hidrogênio
H_2S	sulfeto de di-hidrogênio

No caso de oxoácidos, os ânions podem ser formulados como compostos do tipo hidroxo(oxo)metálicos, aplicando-se as regras de nomenclatura de coordenação, cujo detalhamento será feito no Capítulo 6. Nesse caso é possível, além da formulação da nomenclatura baseada no hidrogênio, uma variante de nomenclatura ácida (semelhante à tradicional). A Tabela 4.2 contém exemplos comparativos dos tipos de nomenclatura existentes para os oxoácidos.

Tabela 4.2 – Nomes de oxoácidos comuns

Fórmula	Nome tradicional(trivial)	Nomenclatura baseada no hidrogênio	Nome do ácido
H_3BO_3	ácido bórico	trioxoborato de tri-hidrogênio	ácido trioxobórico
$(HBO_2)n$	ácido metabórico	poli[dioxoborato(1-) de hidrogênio]	ácido polidioxobórico
H_4SiO_4	ácido ortossilícico	tetraoxossilicato de tetra-hidrogênio	ácido tetraoxossilícico
$(H_2SiO_3)_n$	ácido metassilícico	poli(trioxossilicato de di-hidrogênio)	ácido politrioxossilícico
HPH_2O_2	ácido fosfínico	di(hidreto)dioxofosfato(1-) de hidrogênio	ácido di(hidreto)dioxofosfórico
H_2PHO_3	ácido fosfônico	hidretotrioxofosfato(2-) de di-hidrogênio	ácido hidretotrioxofosfórico
H_3PO_3	ácido fosforoso	trioxofosfato(3-) de tri-hidrogênio	ácido tri(hidreto)trioxofosfórico
H_3PO_4	ácido fosfórico	tetraoxofosfato(3-) de tri-hidrogênio	ácido tetraoxofosfórico
$H_4P_2O_7$ ou $(HO)_2OPOPO(OH)_2$	ácido difosfórico	m-oxo-hexaoxodifosfato de tetra-hidrogênio	ácido m-oxo-hexaoxodifosfórico
$(HPO_3)_n$	ácido metafosfórico	poli[trioxofosfato(1-) de hidrogênio]	ácido politrioxofosfórico
$H_4P_2O_6$ ou $(HO)_2OPPO(OH)_2$	ácido hipofosfórico	hexaoxodifosfato(P-P)(4-) de tetra-hidrogênio	ácido hexaoxodifosfórico
H_2CO_3	ácido carbônico	trioxocarbonato de di-hidrogênio	ácido trioxocarbônico
HOCN	ácido ciânico	nitridodioxocarbonato de hidrogênio	ácido nitridooxocarbônico
HONC	ácido fulmínico	carbidooxonitrato de hidrogênio	ácido carbidooxonítrico
HNO_3	ácido nítrico	trioxonitrato(1-) de hidrogênio	ácido trioxonítrico
HNO_2	ácido nitroso	dioxonitrato(1-) de hidrogênio	ácido dioxonítrico
$H_2N_2O_2$ ou (HO)NN(OH)	ácido hiponitroso	dioxodinitrato(N-N)(2-) de di-hidrogênio	ácido dioxodinítrico
H_2SO_4	ácido sulfúrico	tetraoxossulfato de di-hidrogênio	ácido tetraoxossulfúrico

Os peroxoácidos apresentam o grupo "peroxo",

—O—O—, em substituição a um átomo de oxigênio.

Exemplos:

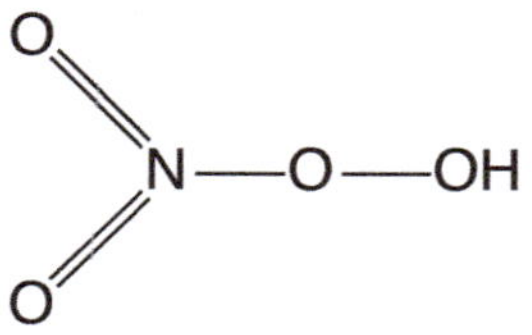

O
N—O—OH
O

HNO_4

ácido peroxonítrico ou dioxoperoxonitrato(1-) de hidrogênio

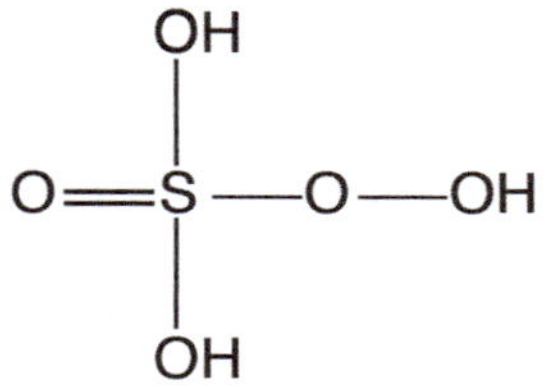

OH
O=S—O—OH
OH

H_3SO_5

ácido peroxomonossulfúrico ou trioxoperoxossulfato(2-) de hidrogênio

OH
O=P—O—OH
OH

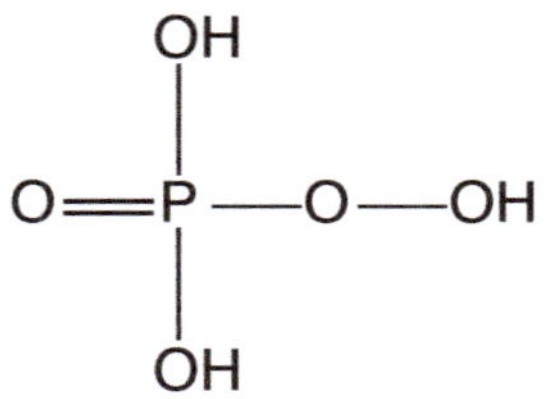

H_3PO_5

ácido peroxofosfórico ou trioxoperoxofosfato(3-) de hidrogênio

Nos tioácidos um átomo de oxigênio é substituído por um átomo de enxofre, o qual é indicado pelo prefixo **tio-**.

Exemplos:

H_2SO_3S ou $H_2S_2O_3$ ácido tiossulfúrico ou trioxotiossulfato(2-) de hidrogênio

H_3AsS_3 ácido tioarsenioso ou tritioarsenito(3-) de hidrogênio

Aos compostos ácidos nos quais, formalmente, todos os átomos de oxigênio foram substituídos, são dados nomes que seguem as regras de nomenclatura para os ânions poliatômicos, baseados na nomenclatura de complexos (Capítulo 6).

Exemplos:

$H[PF_6]$ ácido hexafluorofosfórico ou hexafluoridofosfato(1-) de hidrogênio

$H_2[PtCl_4]$ ácido tetracloroplatínico ou tetracloridoplatinato(2-) de di-hidrogênio

4.7 Ânions derivados de oxoácidos

Os ânions resultantes da perda de um ou mais prótons H^+ de oxoácidos e ácidos carboxílicos terminados em **-ico** recebem a terminação **-ato**. Sua relação com os elementos químicos correspondentes pode ser vista na Tabela 4.3.

Exemplos:

NO_3^- nitrato (ácido nítrico)

$CH_3CO_2^-$ etanoato ou acetato (ácido etanóico ou acético)

SO_4^{2-} sulfato (ácido sulfúrico)

$C_6H_5SO_3^-$ benzenossulfonato (ácido benzenossulfônico)

PO_4^{3-} fosfato (ácido fosfórico)

$C_6H_5COO^-$ benzoato (ácido benzóico)

ClO_4^- perclorato (ácido perclórico)

Se somente um H^+ do ácido poliprótico for substituído, são mantidos os prefixos **hidrogeno-**, **di-hidrogeno-** etc. Pode-se indicar também a carga no final do nome.

Exemplos:

HCO_3^- hidrogenocarbonato(1-)

HSO_4^- hidrogenossulfato(1-)

$H_2PO_4^-$ di-hidrogenofosfato(1-)

Os oxoácidos que terminam em **-oso** geram ânions com a terminação **-ito**.

Exemplos:

NO_2^- nitrito (HNO_2 ácido nitroso)

$As_2O_3^{3-}$ arsenito (H_3AsO_3 ácido arsenioso)

SO_3^{2-} sulfito (H_2SO_3 ácido sulfuroso)

ClO^- hipoclorito ($HClO$ ácido hipocloroso)

ClO_2^- clorito ($HClO_2$ ácido cloroso)

Tabela 4.3 – Alguns nomes de ânions de oxoácidos

Nome do elemento central	Raiz	Nome do ânion
alumínio	alumin-	aluminato
antimônio	antimon-	antimonato ou estibato
arsênio	arsen-	arsenato
berílio	beril-	berilato
boro	bor-	borato
bromo	brom-	bromato
carbono	carbon-	carbonato
cobre	cupr-	cuprato
ouro	aur-	aurato
ferro	ferr-	ferrato
chumbo	plumb-	plumbato
selênio	selen-	selenato
prata	argent-	argentato
enxofre	sulf-	sulfato
tungstênio	tungst-	tungstato ou wolframato

Os ânions resultantes da adição de um íon hidreto

(H^-) a um hidreto mononuclear seguem as regras de nomenclatura dos compostos de coordenação (Capítulo 6) e recebem a terminação **-ato**.

Exemplos:

BH_4^-	tetrahidridoborato(1-)
$[PF_6]^-$	hexafluoridofosfato(1-)
$[Zn(OH)_4]^{2-}$	tetra(hidroxido)zincato(2-)

4.8 Sais

São compostos resultantes da neutralização de um ácido por uma base. Os sais são, portanto, constituídos por cátions provenientes de bases e por ânions oriundos de ácidos.

Quando somente um tipo de cátion e um tipo de ânion estão presentes, o sal é binário. No nome de um sal cita-se primeiro o ânion, a preposição *de* e depois o cátion. Para indicar o número de cátions e de ânions podem-se utilizar os prefixos **di-**, **tri-**, **tetra-** etc.

Seguindo o procedimento geral, a citação dos vários constituintes dentro de uma mesma classe, por exemplo, ânions, deve ser feita em ordem alfabética dos nomes designativos, e não na ordem que aparecem na fórmula.

Exemplos:

cloreto de sódio

iodeto de sódio

nitrato de amônio

brometo de césio

perclorato de potássio

Quando os cátions e/ou ânions são poliatômicos deve-se utilizar algarismos romanos entre parênteses para indicar os estados de oxidação e evitar ambiguidade.

Exemplos:

$T\ell I$ iodeto de tálio(I)

$T\ell I_3$ tri(iodeto) de tálio(III) ou iodeto de tálio(III)

$NiBr_2$ dibrometo de níquel(II) ou brometo de níquel(II)

$CrCl_2$ dicloreto de crômio(II) ou cloreto de crômio(II)

$CrCl_3$ tricloreto de crômio(III) ou cloreto de crômio(III)

Quando os sais resultam da neutralização parcial de ácidos polipróticos, deve-se incluir o prefixo **hidrogeno-** (no cátion) antecedido de **di-**, **tri-** etc., quando necessário.

Exemplos:

$NaHCO_3$ hidrogenocarbonato de sódio

LiH_2PO_4 di-hidrogenofosfato de lítio

K_2HPO_4 hidrogenofosfato de potássio

$CsHSO_4$ hidrogenossulfato de césio

Alguns sais possuem 2 cátions ou 2 ânions e são denominados sais duplos. Os nomes dos cátions são citados em ordem alfabética.

Exemplos:

$KMgF_3$ trifluoreto de magnésio e potássio (ou fluoreto de magnésio e potássio)

$KNaCO_3$ carbonato de potássio e sódio

Quando há moléculas de água associadas ao sal (coordenadas ou de hidratação), elas são indicadas por um ponto, à média altura, na fórmula do composto e como fração no final do nome.

Exemplo:

$AlK(SO_4)_2 \cdot 12H_2O$ sulfato de alumínio e potássio – água(1/12)

Quando se sabe que a água é de hidratação, podem ser utilizados prefixos (**mono-**, **di-**, **tri-**, **tetra-** etc.) seguidos da palavra hidrato, para indicar o número de moléculas de água.

Exemplos:

$MgNH_4PO_4 \cdot 6H_2O$	fosfato de amônio e magnésio hexa-hidrato
$NaNH_4HPO_4 \cdot 4H_2O$	hidrogenofosfato de amônio e sódio tetra-hidrato

Se existirem dois ânions no sal, eles devem ser citados em ordem alfabética no nome do sal. Pode-se indicar, também, a fórmula estequiométrica, com a proporção dos constituintes.

Exemplo:

$Ca_5F(PO_4)_3$	fluoretotrifosfato de cálcio

Alguns sais possuem oxigênio (O^{2-}) na fórmula. Nesse caso, a palavra óxido deve ser introduzida no nome do sal.

Exemplos:

$ZrCl_2(O) \cdot 8H_2O$	dicloreto óxido de zircônio(IV) octa-hidrato ou diclorido(óxido)zircônio(IV) octa-hidrato
$CoO \cdot NiBr_2$	dibrometo óxido de cobalto(II) e níquel(II)

Para os sais que resultam da neutralização parcial de bases que têm mais do que um OH^-, deve-se acrescentar a palavra **hidróxido**, seguindo-se a ordem alfabética.

Exemplos:

$MgCl(OH)$	cloreto hidróxido de magnésio(II)
$ZnI(OH)$	hidróxido iodeto de zinco(II)
$FeCl(OH)_2$	cloreto di(hidróxido) de ferro(III)

CAPÍTULO 5

NOMENCLATURA II: COMPOSTOS MOLECULARES NEUTROS

Neste capítulo são abordados os compostos moleculares neutros, como o NH_3, SiH_4 etc., excluindo-se os ácidos e seus derivados, e os compostos de coordenação e organometálicos. Para esse tipo de composto se aplica preferencialmente a nomenclatura substitutiva.

5.1 Nomenclatura substitutiva

É o sistema comumente usado para compostos orgânicos em que os nomes são derivados do composto sob a forma de hidreto de partida, incorporando um sufixo característico, designativo de uma classe de compostos.

Nos hidretos orgânicos são usadas as terminações **-ano**, **-eno** e **-ino**, mas para hidretos de outros elementos, que não o carbono, em geral é usada a terminação **-ano** como referencial. Essa terminação indica implicitamente que o átomo central apresenta seu número usual de ligações, por exemplo, 3 para o fósforo e 4 para o silício, e que todas as valências foram satisfeitas por um número apropriado de átomos neutros de hidrogênio.

Exemplos:

silano	SiH_4
dissilano	Si_2H_6
tricloro(metóxido)silano	$SiCl_3(OCH_3)$

5.2 Hidretos mononucleares

A nomenclatura substitutiva, usualmente, está confinada aos elementos centrais: B, C, Si, Ge, Sn, Pb, N, P, As, Sb, Bi, O, S, Se, Te, Po, localizados em posições vizinhas na Tabela Periódica. Pode, porém, ser estendida aos derivados de halogênios, especialmente os compostos de iodo.

Na Tabela 5.1 são apresentados os nomes dos hidretos mononucleares usados no sistema substitutivo de nomenclatura. Nessa tabela, os elementos centrais exibem seu número de ligação usual, ou seja, 3 para o grupo 13 dos elementos, 4 para o grupo 14, 3 para o grupo 15 e 2 para o grupo 16. Nos casos em que aparecem números de ligação não usuais, esse fato é destacado por meio de um sobrescrito aplicado à letra grega λ (lambda). Por exemplo, PH_5 λ^{5}-fosfano; SH_6 λ^{6}-sulfano. Alguns outros nomes têm sido usados para os hidretos mononucleares originais com número de ligação diferente do usual, como fosforano, arsinano, sulfurano e persulfurano. Como não têm aplicação geral, podem gerar ambiguidade e seu uso não é recomendável. O uso do símbolo λ deve ter prioridade nesses casos.

A principal utilidade dos nomes terminados em -ano, na Tabela 5.1, está na sua conveniência para dar nomes sistemáticos aos derivados substituídos e suas formas radicalares. Também são úteis pela facilidade com que se aplicam à nomenclatura de cadeias e anéis, a exemplo dos compostos orgânicos.

Exemplos:

$C_6H_5SC_6H_5$	difenilsulfano
CH_3CH_2SeH	etilselano
$(BrCH_2)_3N$	tris(bromometil)azano

A utilização dos nomes oxidano, azano e fluorano para substâncias tão conhecidas, como água, amônia e ácido fluorídrico, ainda oferece uma barreira muito grande a ser vencida. Por isso, os nomes usuais continuam sendo aceitos pela IUPAC. Os derivados orgânicos do H_2S e H_2Se são mais conhecidos como sulfetos ou tióis e selenetos ou selenóis, enquanto os derivados da amônia são conhecidos como aminas, amidas, nitrilas etc. Porém os nomes sistemáticos fosfano, arsano e estibano já estão sendo bem aceitos pela comunidade científica no lugar de fosfina, arsina e estibina, que já estão definitivamente banidos da nomenclatura oficial. Borano, silano e metano também já estão incorporados na linguagem química moderna.

Tabela 5.1 – Nomenclatura dos compostos representativos dos elementos com hidrogênio

Grupo 13		Grupo 14		Grupo 15	
BH_3	borano	CH_4	metano	NH_3	azano
AlH_3	alumano	SiH_4	silano	PH_3	fosfano
GaH_3	galano	GeH_4	germano	AsH_3	arsano
InH_3	indano	SnH_4	estanano	SbH_3	estibano
TlH_3	talano	PbH_4	plumbano	BiH_3	bismutano
H_2O	oxidano	HF	fluorano	HOOH	dioxidano ou peróxido de hidrogênio
H_2S	sulfano	HCl	clorano	H_2NNH_2	diazano ou hidrazina
H_2Se	selano	HBr	bromano	H_2PPH_2	difosfano
H_2Te	telano	HI	iodano	H_3SnSnH_3	diestanano
H_2Po	polano	HAt	astatano		

5.3 Hidretos oligonucleares

Em geral, os nomes derivam do hidreto mononuclear correspondente, apondo-se um prefixo multiplicativo apropriado (di-, tri-, tetra- etc.), correspondente ao número de átomos ligados em série, na cadeia.

Exemplos:

H_2PPH_2 difosfano

HSeSeSeH trisselano

$H_3SiSiH_2SiH_2SiH_3$ tetrassilano

No caso dos compostos de nitrogênio, os nomes azano (amônia), diazano (hidrazina), triazano e tetraazano são indicados, embora nos dois últimos casos os compostos não sejam conhecidos no estado livre, e só existem na forma de derivados substituídos. Já nos casos em que os átomos do arcabouço de um hidreto em cadeia são os mesmos, mas alguns apresentam um número de ligações diferente do usual, o nome é inicialmente formado como se todos as átomos tivessem o mesmo número usual de ligações, e depois os átomos da cadeia são numerados, aplicando-se marcadores λ^n, separados por vírgulas, para diferenciar cada átomo com um número não usual de ligações.

Exemplos:

H_5S-S-SH_4-SH	1λ^6, 3λ^6-tetrassulfano (o número usual de ligações no S é dois)
HS-SH_4-SH_4-SH_2-SH	2λ^6, 3λ^6, 4λ^4-pentassulfano
HPbPbPbH	1λ^2, 2λ^2, 3λ^2-plumbano ou $(\lambda^2)^3$-triplumbano

5.4 Derivados substituídos dos hidretos

São usados prefixos para designar substituintes no lugar de átomos de hidrogênio em analogia com a nomenclatura dos compostos orgânicos. Os prefixos são referentes à forma radicalar (amino, acetoxi, nitroso etc), e não à forma ligante (acetato). Quando houver mais de um tipo de substituinte, os prefixos são citados em ordem alfabética antes do nome do hidreto de origem, usando-se parênteses para evitar ambiguidade. Prefixos multiplicativos indicam a presença de mais de um grupo idêntico e, se os grupos substituintes são também substituídos, os prefixos **bis-**, **tris-**, **tetraquis-** etc. devem ser usados (veja Tabela 5.2).

Alguns exemplos de hidretos mononucleares substituídos são apresentados a seguir:

$PH_2(CH_2CH_3)$	etilfosfano
$Te(OCOCH_3)_2$	diacetoxitelano
$Sb(CH{=}CH_2)_3$	trivinilestibano
$AsBr(OCH_3)(CH_3)$	bromo(metil)(metoxi)arsano
$Si(OCH_2CH_2CH_3)Cl_3$	tricloro(propoxi)silano
$GeH(SCH_3)_3$	tris(metiltio)germano
$Si(OCH_2CH_3)_4$	tetraetoxissilano

Alguns exemplos mais complicados:

$H_3CPHSiH_3$	(metilfosfanil)silano, ou metil (silil)fosfano, ou (sililfosfanil) metano
$Ge(C_6H_5)Cl_2(SiCl_3)$	dicloro(fenil)(triclorosilil) germano, ou tricloro[dicloro (fenil)germil]silano

5.5. Compostos catenados

Cadeias homogêneas saturadas não ramificadas são numeradas sequencialmente de uma extremidade a outra, e os substituintes são citados na forma radicalar, em ordem alfabética, antes do nome do hidreto apropriado, precedido por prefixos multiplicativos. A direção da numeração é decidida segundo os critérios da Nomenclatura em Química Orgânica[21,22].

Exemplos:

$(C_2H_5)_3PbPb(C_2H_5)_3$	hexaetildiplumbano
$ClSiH_2SiHClSiH_2SiH_2SiH_2Cl$	1,2,5-tricloropentassilano
$C_3H_7SnH_2SnCl_2SnH_2Br$	1-bromo-2,2-dicloro-3-propiltriestanano

Da mesma forma que nos compostos orgânicos, para cadeias homogêneas, saturadas e ramificadas, o nome é baseado na cadeia mais longa, não ramificada, que é tomada como o hidreto de origem, enquanto as cadeias mais curtas são grupos substituintes, apropriadamente citados. Uma vez escolhida a cadeia mais longa, ela é numerada de forma a se ter os menores números designadores.

Exemplos:

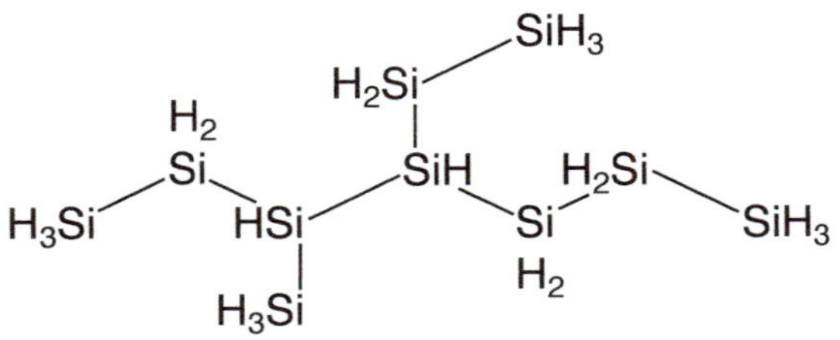

1 2 3 4 5 6 7

4-dissilanil-3-(silil)heptassilano,
em vez de 4-dissilanil-5-(silil)heptassilano

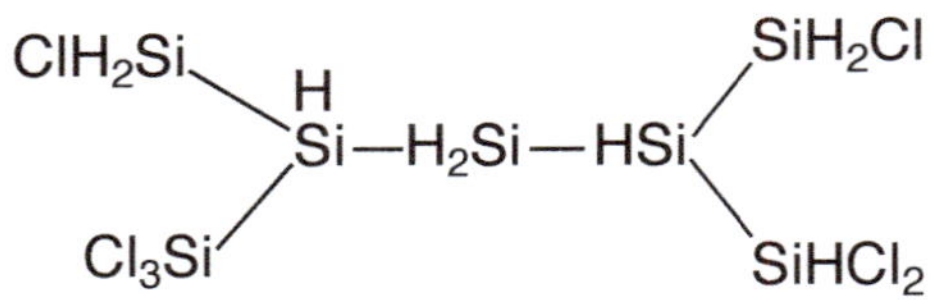

1 2 3 4 5

1,1,1,5,5-pentacloro-2,4-bis(clorosilil)pentassilano

Cadeias com unidades repetitivas, consistindo de dois elementos que se alternam, como em $ab(ab)_n$, podem ser denominadas pela citação sucessiva dos nomes das partes.

Exemplos:

$H_3SnOSnH_2OSnH_2OSnH_3$	tetraestanoxano
$HSnCl_2OSnH_2OSnH_2OSnH_2Cl$	1,1,7-triclorotetraestanoxano
$H_2NPHNHPHNHPHNH_2$	1,5-diaminotrifosfazano

No caso de cadeias insaturadas, o método substitutivo de nomenclatura segue os métodos usados para alcenos e alcinos orgânicos, ou seja, o nome do correspondente hidreto de cadeia saturada é modificado com a substituição do sufixo **-ano** pelo sufixo **-eno**, no caso de dupla ligação, e pelo sufixo **-ino**, no caso de tripla ligação. O sufixo **-dieno** deve ser usado quando houver duas duplas ligações. No caso de haver tanto duplas como triplas ligações, utilizam-se os mesmos sufixos **-eno** e **-ino**, com designadores numéricos das respectivas posições, precedendo os sufixos. Para casos mais complicados, deve ser consultado o *Guia* *de nomenclatura de Química Orgânica*[21,22].

Exemplos:

$H_2NNHN{=}NNH_2$	pentaaz-2-eno
$CH_3NHN{=}NCH_3$	1,3-dimetiltriazeno
$CH_3N{=}CHNCH_3$	tricarbaza-1,3-dieno
$H_2PNHPHNHP{=}NPH_2$	tetrafosfaz-2-eno

Se a cadeia não for homogênea e contiver átomos de carbono, será usada a nomenclatura de Química Orgânica, como se a cadeia fosse composta inteiramente por átomos de carbono, designando-se os heteroátomos precedidos de indicadores numéricos convenientes.

Exemplo:

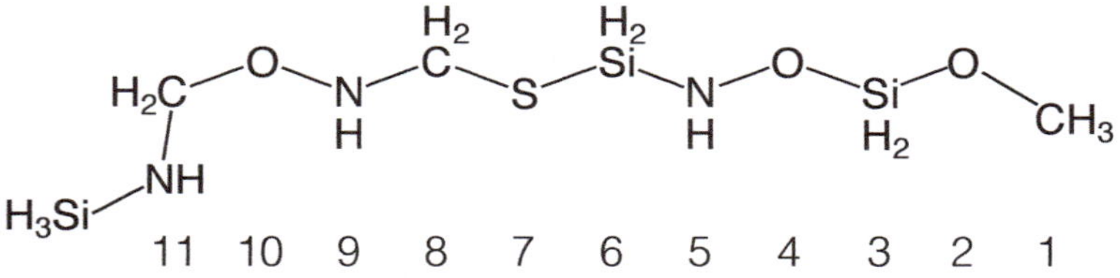

11 10 9 8 7 6 5 4 3 2 1

11-(sililamino)-2,4,10-trioxa-7-tia-5,9-diaza-3,6-di(sila)undecano

5.6. Compostos cíclicos

Para compostos monocíclicos com anel homogêneo, o nome é formado pela adição do prefixo **ciclo-** ao nome da cadeia não ramificada e não substituída contendo o mesmo número de átomos idênticos, conforme descrito anteriormente.

Por exemplo:

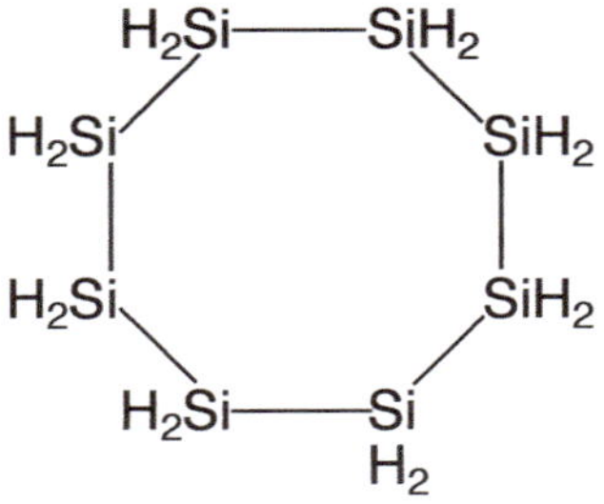

ciclooctassilano

A presença de duplas ou triplas ligações é indicada no nome pela mudança do sufixo **-ano** por **-eno**, **-ino**, **-dieno**, conforme seja apropriado. A localização das ligações múltiplas também é indicada, pela sua posição no anel, conforme os exemplos:

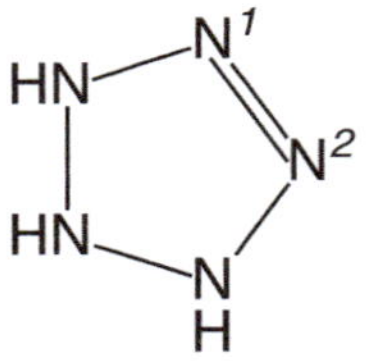

ciclopentaazeno

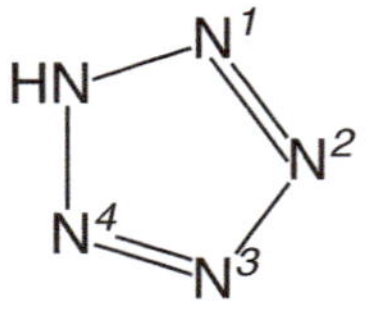

ciclopentaazadieno

Para anéis de unidades repetidas alternadamente, o prefixo ciclo- é seguido pelos nomes de substituição. Muitos dos compostos monocíclicos discutidos aqui apresentam nomes triviais, alguns dos quais são mantidos.

Alguns exemplos são mostrados na Tabela 5.2

Tabela 5.2 – Alguns compostos cíclicos e seus nomes

Nome sistemático	Fórmula estrutural
ciclotriborazano	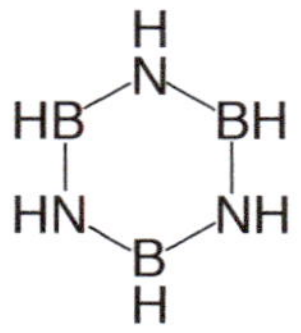
ciclotriboroxano	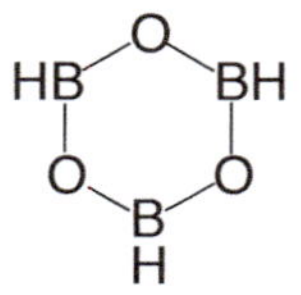
ciclotriboratiano	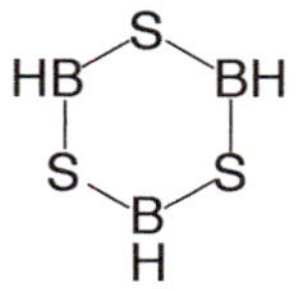

Nos compostos cíclicos, a numeração começa a partir de um átomo preferencial e prossegue sequencialmente ao redor do anel. Assim como nos compostos orgânicos, existe uma hierarquia de preferência a ser seguida e, nesses casos, é importante consultar diretamente o Livro Vermelho da IUPAC[12].

Exemplos:

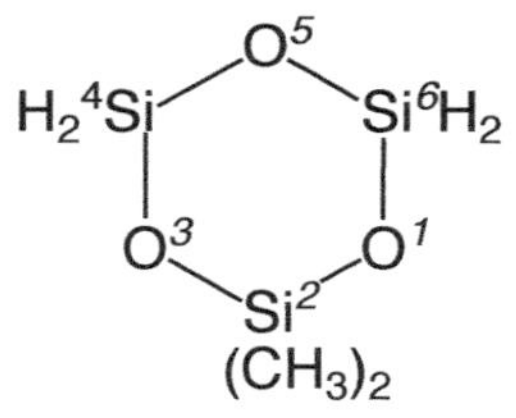

2,2-dimetilciclotrissiloxano
(aqui as posições 1 e 3 são equivalentes)

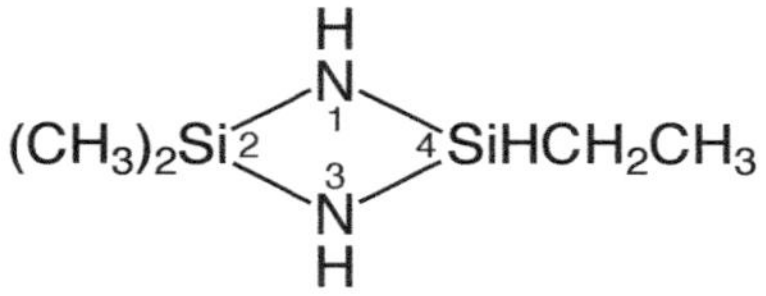

4-etil-2,2-dimetilciclodissilazano

Se os átomos no anel apresentam um número de ligações não usual, esse número é expresso como um superescrito arábico na letra grega lambda, seguido de um localizador apropriado.

Exemplo:

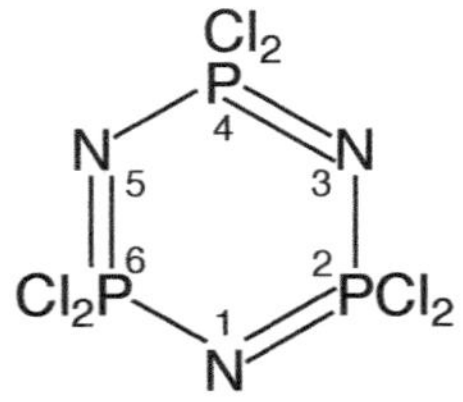

2,2,4,4,6,6-hexacloro-$2\lambda^5$, $4\lambda^5$, $6\lambda^5$-ciclotrifosfaza-1,3,5-trieno

CAPÍTULO 6

NOMENCLATURA III: COMPOSTOS DE COORDENAÇÃO

Os compostos de coordenação têm papel de destaque na Química moderna, participando de processos biológicos, como constituintes de metaloproteínas e metaloenzimas, e de processos industriais, como catálise, galvanoplastia, e hidrometalurgia. Suas aplicações são extensamente exploradas na eletroquímica, química ambiental, química de alimentos, química supramolecular, química farmacêutica, química de materiais e nanotecnologia.

Sob o ponto de vista histórico[5], a Química de Coordenação nasceu da necessidade de entender os compostos nos quais a valência extrapola o antigo conceito associado ao balanço das cargas entre cátions e ânions. Um exemplo ilustrativo é o que acontece quando se adiciona uma solução de amônia a uma solução de sulfato de cobre. Inicialmente, nota-se que sua cor azul clara fica rapidamente turva devido à precipitação do hidróxido de cobre. Porém, após a adição de excesso de amônia, ocorre dissolução desse precipitado e a coloração da solução passa para azul marinho em razão da formação de outra espécie em solução. Essa espécie corresponde ao composto de coordenação no qual um íon central de cobre(II) está ligado a quatro moléculas de amônia, sendo designado por $[Cu(NH_3)_4]^{2+}$. Enquanto o íon sulfato, SO_4^{2-}, satisfaz a valência primária (2+) do cobre, as moléculas de amônia satisfazem a outra necessidade, que é a definição da esfera de coordenação ou valência secundária do íon metálico.

As reações envolvidas são:

$NH_{3(aq)} + H_2O_{(aq)} \leftrightharpoons NH_4{}^+{}_{(aq)} + OH^-{}_{(aq)}$

$Cu^{2+}{}_{(aq)} + 2\ OH^-{}_{(aq)} \leftrightharpoons [Cu(OH)_2]_{(s)}$

$Cu^{2+}{}_{(aq)} + 4\ NH_{3(aq)} \leftrightharpoons [Cu(NH_3)_4]^{2+}{}_{(aq)}$

6.1 Alguns conceitos e definições

Os conceitos envolvidos na Química de Coordenação baseiam-se nas definições historicamente significativas de valências primária e secundária, introduzidas por Alfred Werner (1866-1919) para descrever as ligações e a geometria de compostos que eram difíceis de serem explicadas pelas teorias de ligação, então vigentes. Por **valência primária** entendia-se as cargas formais dos componentes de compostos simples, inferidas com base em sua estequiometria, como em MnO_2, $RhCl_3$, $Co(NO_3)_2$ e $CuSO_4$. Assim, nos exemplos citados, Mn tem valência primária (4+) e o íon óxido (2-); Rh tem valência (3+), cloreto (1–), e assim por diante. A adição de outras substâncias, como H_2O ou NH_3, a esses compostos simples originavam novos compostos com propriedades distintas, que passaram a ser chamados compostos de coordenação. Esse comportamento inusitado de existirem moléculas ou íons adicionais na fórmula mínima, superando a valência primária, era frequentemente observado nos compostos de elementos metálicos, por exemplo, cobre, platina e cobalto: $CuSO_4 \cdot 5H_2O$, $PtCl_2 \cdot 2KCl$ e $Co_2(SO_4)_3 \cdot 12NH_3$. Tais espécies foram, então, chamadas de **complexos**, em decorrência da estequiometria complicada que apresentavam.

Werner, que veio a ganhar o Prêmio Nobel de Química em 1913[4] por seus trabalhos nessa área, mostrou que moléculas ou íons, como H_2O, NH_3, Cl^- e CN^- podem se organizar ao redor do íon metálico, formando uma **esfera de coordenação**, como representada na Figura 6.1.

Um **composto de coordenação** contém ou constitui uma entidade de coordenação cujas composição, estrutura e reatividade refletem o que se definiu classicamente por **valência secundária** do elemento metálico. A entidade de coordenação é constituída de um átomo central,

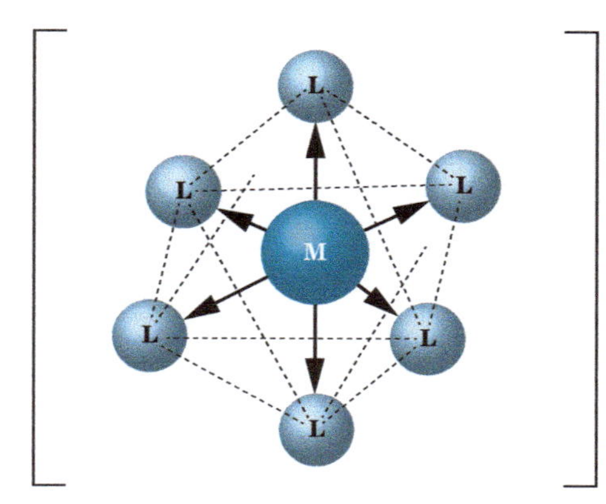

Figura 6.1 Modelo de coordenação proposto por Alfred Werner; o íon metálico (M) central exerce sua afinidade pelos ligantes, que se acomodam ao seu redor, formando a esfera de coordenação.

geralmente um íon metálico, ao qual se liga certo número de outros átomos ou grupos de átomos, denominados **ligantes**. Um ligante, em termos clássicos, pode satisfazer tanto a valência secundária como a valência primária de um átomo central. O número de ligantes (ou de ligações estabelecidas entre o metal e os ligantes) é denominado **número de coordenação (NC)**. Foi o próprio Werner quem também propôs que as valências secundárias que ligavam o íon metálico central aos ligantes eram dirigidas para as posições que correspondiam aos vértices de polígonos ou de figuras geométricas regulares, como octaedro, tetraedro, pirâmide ou prisma. Um breve histórico da química de coordenação pode ser encontrado em *Química de coordenação, organometálica e catálise*[5].

Atualmente, os termos valência primária e valência secundária já não são mais empregados, sendo mais útil a descrição pelos números de coordenação. Nas fórmulas, a entidade de coordenação é delimitada por colchetes, podendo ser catiônica, aniônica ou neutra.

Exemplos de espécies catiônicas:

$[Ni(NH_3)_6]^{2+}$, $[Cu(H_2O)_4]^{2+}$.

Exemplos de espécies aniônicas:

$[PtCl_4]^{2-}$, $[Fe(CN)_6]^{4-}$, $[MnO_4]^{-}$.

Exemplos de espécies neutras:

$[Pt(NH_3)_2Cl_2]$, $[Fe_3(CO)_{12}]$.

O átomo central na entidade de coordenação é o átomo diretamente ligado aos outros átomos ou grupos de átomos (os ligantes) e ocupa um posição no centro da entidade de coordenação. Nas espécies exemplificadas, são átomos centrais os íons de níquel, cobre, platina, ferro e manganês. Os ligantes são constituídos por átomos ou grupos de átomos ligados ao átomo central, como amônia, água, monóxido de carbono e íons cloreto, cianeto e óxido. Embora sejam mais comuns compostos de coordenação em que o átomo central é um metal, há numerosos exemplos de compostos envolvendo não metais como átomos centrais, como $[PCl_5]$, $[XeO_4]$ e $[SF_6]$.

Os ligantes localizados ao redor do átomo central definem um polígono ou um poliedro de coordenação. O número de coordenação (NC) é igual ao número de vértices no poliedro de coordenação ocupados pelos átomos ligantes, ou seja, é igual ao número de átomos diretamente ligados ao íon metálico central. Os contra-íons, necessários para a neutralização das cargas das espécies catiônicas ou aniônicas, ficariam em uma segunda esfera de coordenação. Assim, no composto $K_2[PtCl_4]$, a espécie aniônica $[PtCl_4]^{2-}$ constitui um ânion complexo de geometria quadrada e os íons potássio atuam como contra-íons; no composto $Na_2[CoCl_4]$ o ânion complexo $[CoCl_4]^{2-}$ constitui um tetraedro e os íons de sódio os correspondentes contra-íons; e a espécie complexa $[Co(NH_3)_6]^{3+}$, no composto $[Co(NH_3)_6]Cl_3$, é um cátion octaédrico e os íons cloreto são os correspondentes contra-íons.

Em um composto típico de coordenação, o número de coordenação está relacionado com a geometria da espécie que é estabelecida pelo número de ligações sigma entre os ligantes e o átomo central. Mesmo ligantes simples, como CN^-, CO, N_2 e $P(CH_3)_3$, podem envolver ligações sigma (σ) e ligações pi (π) entre o átomo coordenante no ligante e o átomo central. As ligações π, geralmente, situam-se sobre as ligações σ e, dessa forma, não são consideradas na determinação do NC[5].

Vários íons ou moléculas polifuncionais, por exemplo, 1,2-etanodiamina, N-(2-aminoetil)-1,2-etanodiamina, oxalato e glicinato, são capazes de se coordenar por mais de um átomo a um íon ou átomo central. Cada um desses ligantes pode usar todos os seus grupos funcionais para, simultaneamente, coordenar-se a um único íon central. Quando isso ocorre, formam-se estruturas cíclicas chamadas **anéis quelatos** e o processo de coordenação simultânea é denominado **quelação**.

Os chamados **ligantes quelantes** se coordenam por mais de um par de elétrons σ de átomos diferentes do mesmo ligante ao mesmo átomo central. O número de grupos coordenantes em um único ligante é indicado pelos adjetivos bidentado, tridentado, tetradentado, pentadentado e hexadentado. O número de átomos coordenados de um mesmo ligante é chamado **denticidade** desse ligante.

Exemplos de quelantes:

ligante bidentado

1,2-etanodiamina ou etilenodiamina (en)
$H_2\mathbf{N}CH_2CH_2\mathbf{N}H_2$

oxalato (ox) $C_2O_4^{2-}$

ligante tridentado

dietilenotriamina (dien) $H_2\mathbf{N}CH_2CH_2\mathbf{N}HCH_2CH_2\mathbf{N}H_2$

ligante tetradentado

salicilidenoetilenodiamina (salen)

ligante hexadentado

etilenodiaminatetraacetato (edta)
$(^{-}OOC)_2NCH_2CH_2N(COO^{-})_2$

Exemplos de representação estrutural de alguns desses complexos:

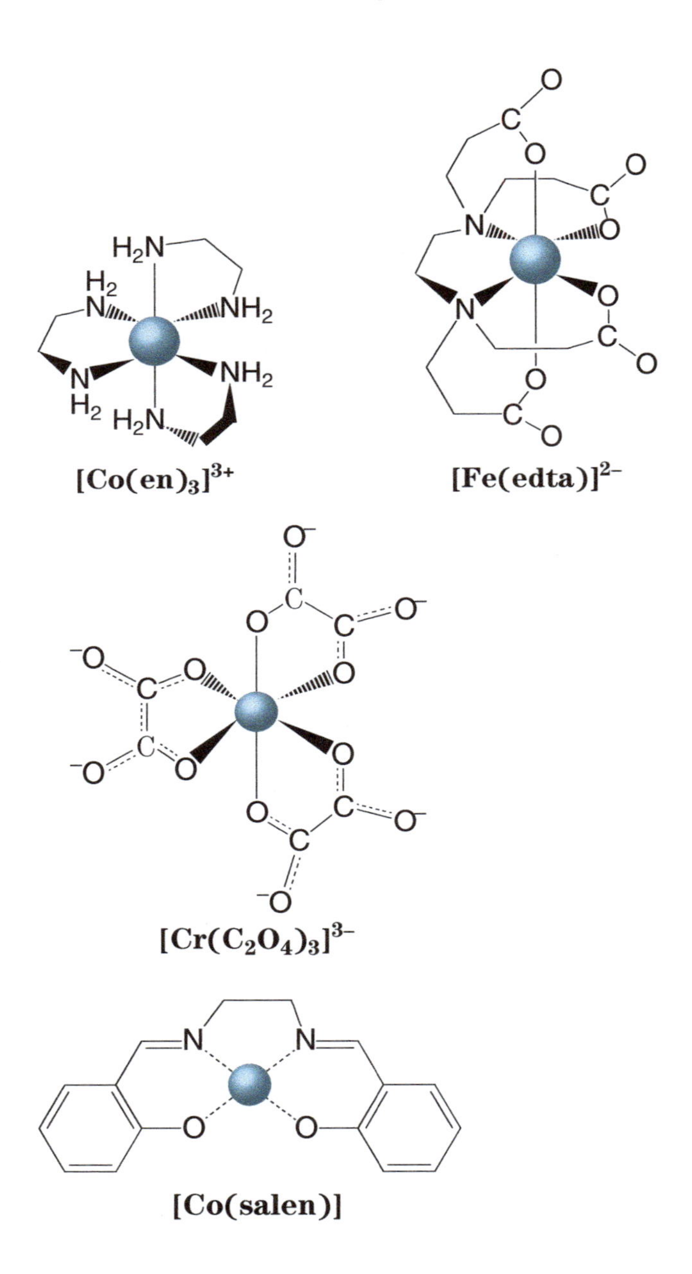

$[Co(en)_3]^{3+}$

$[Fe(edta)]^{2-}$

$[Cr(C_2O_4)_3]^{3-}$

[Co(salen)]

6.2 Ligantes do tipo ponte

Em espécies polinucleares é necessário distinguir a atuação de um dado ligante como ponte, unindo dois ou mais átomos centrais, simultaneamente. Assim, ligantes-ponte efetuam a conexão entre átomos centrais de complexos para produzir entidades com mais de um átomo central. O número de átomos centrais ligados em uma única entidade por ligantes-ponte ou ligações metal-metal estabelece sistemas indicados pelos prefixos: di-, tri-, tetra-, penta-, hexa- e poli. O ligante-ponte é indicado pelo prefixo μ, como nos exemplos

$[AlCl_2(\mu\text{-}Cl)_2AlCl_2]$

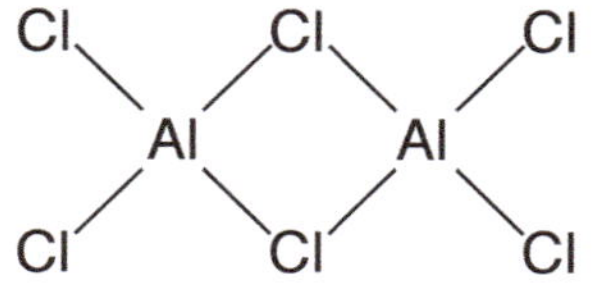

$[Co_4(CO)_{12}]$

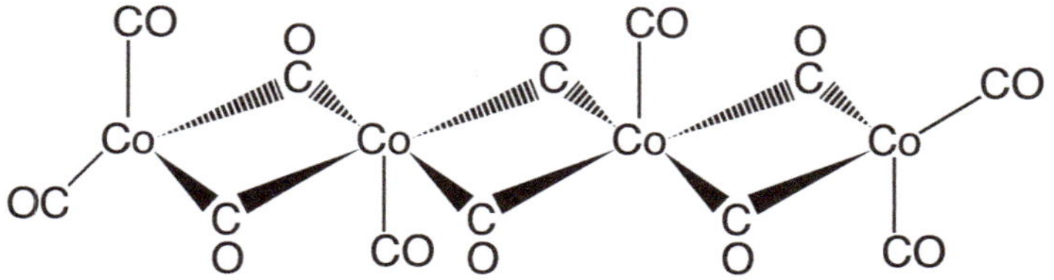

$[Co\{(\mu\text{-}OH)_2Co(NH_3)_4\}_3]^{6+}$

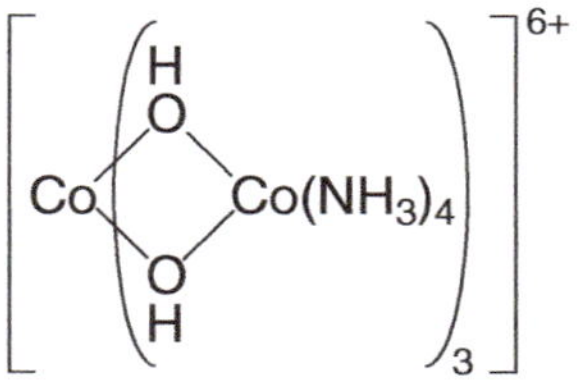

6.3 Geometrias dos compostos de coordenação

Os complexos admitem diferentes arranjos geométricos dos ligantes ao redor do átomo central. Espécies bicoordenadas podem ser lineares ou angulares. De maneira análoga, espécies tricoordenadas podem apresentar configuração trigonal planar ou trigonal piramidal. Espécies tetracoordenadas podem ter configuração quadrada, piramidal ou tetraédrica, e assim por diante. A geometria das esferas de coordenação pode ser definida pelos poliedros correspondentes, como pode ser visto na Tabela 6.1.

Tabela 6.1 – Símbolos poliédricos para os vários números de coordenação (NC)

NC 4	NC 4	NC 5
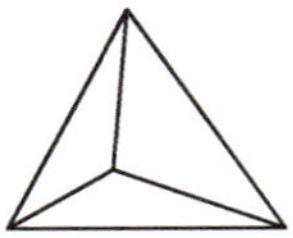 tetraedro T-4	quadrado SP-4	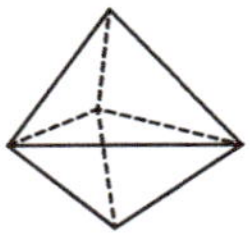 bipirâmide trigonal TBPY-5
NC 6	NC 6	NC 7
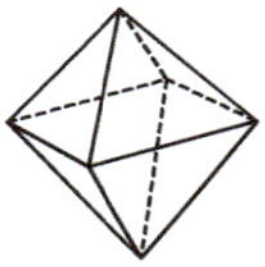 octaedro OC-6	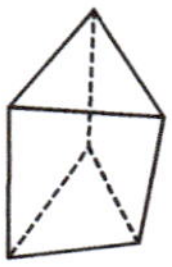 prisma trigonal TPR-6	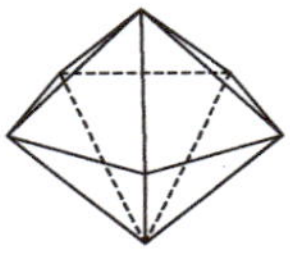 bipirâmide pentagonal TBPY-7
NC 7	NC 8	NC 8
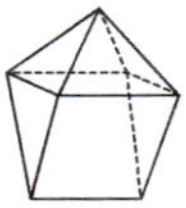 prisma trigonal face quadrada encapuzada TPRS-7	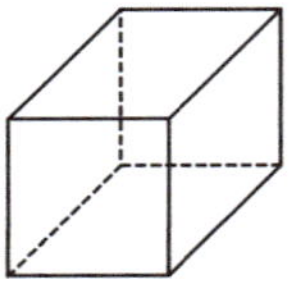 cubo CU-8	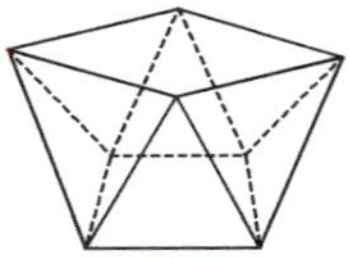 antiprisma quadrado SAPR-8
NC 8	NC 8	NC 8
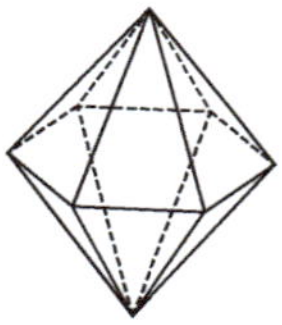 bipirâmide hexagonal HBPY-8	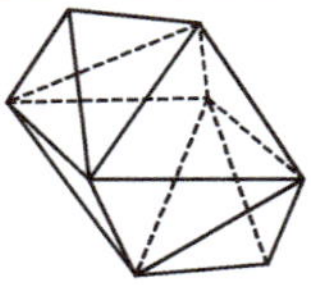 octaedro biencapuzado OCT-8	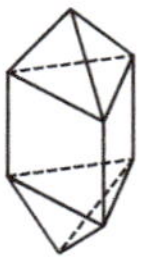 biprisma trigonal face triangular biencapuzada TPRT-8
NC 5	NC 7	NC 8

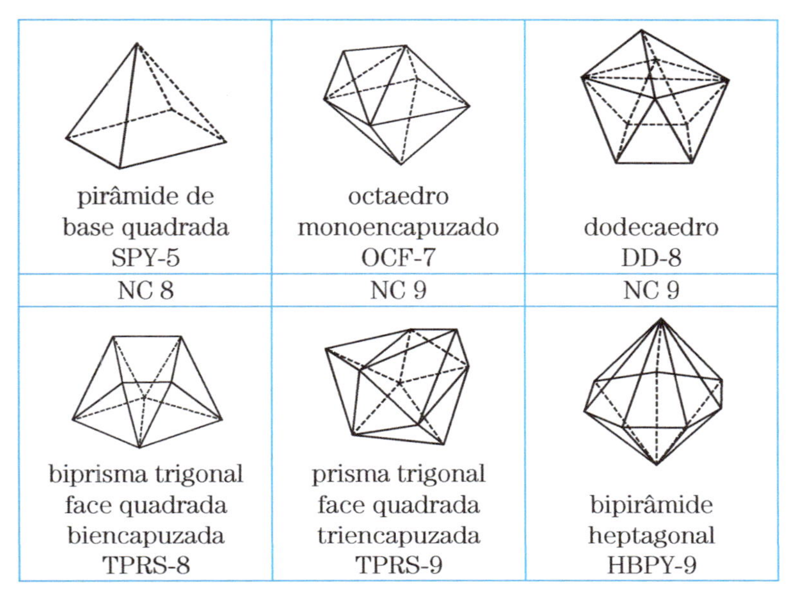

pirâmide de base quadrada SPY-5	octaedro monoencapuzado OCF-7	dodecaedro DD-8
NC 8	NC 9	NC 9
biprisma trigonal face quadrada biencapuzada TPRS-8	prisma trigonal face quadrada triencapuzada TPRS-9	bipirâmide heptagonal HBPY-9

Para um dado poliedro, ligantes diferentes podem originar diastereoisômeros, como os isômeros *cis* e *trans* dos compostos tetra(amin)dicloridocrômio(III), diamindicloridoplatina(II) e bis(2-aminoetanotiolato)níquel(II):

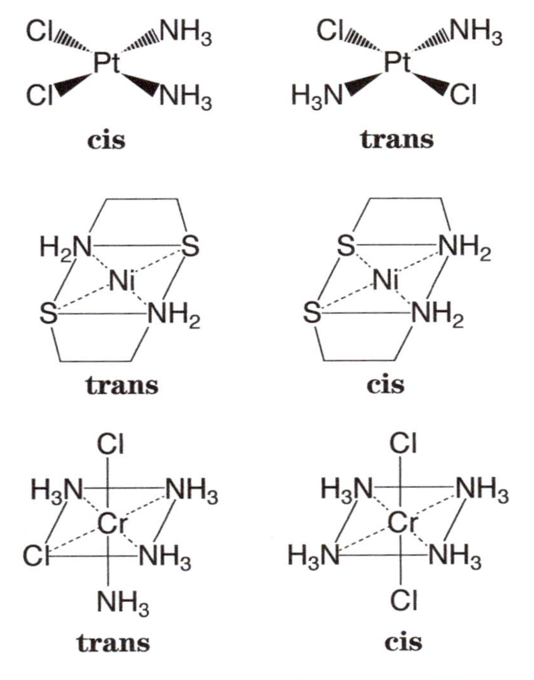

Os complexos, principalmente os de terras raras, podem apresentar geometrias muito variadas. Nesses casos, a estrutura espacial pode ser mais bem representada por um poliedro, com o seu símbolo afixado ao nome ou fórmula. Como pode ser visto na Tabela 6.1, o símbolo poliédrico indica o arranjo geométrico dos átomos coordenados ao redor do átomo central. É representado por uma ou mais letras maiúsculas em *itálico*, derivadas de termos geométricos comuns, que caracterizam a geometria idealizada dos ligantes ao redor do centro de coordenação e de um algarismo arábico, que indica o número de coordenação do átomo central.

Na prática, a utilização dos símbolos poliédricos em nomenclatura depende da enumeração de cada sítio em função do tipo de ligante presente. Para isso, Chan, Ingold e Prelog[30] estabeleceram índices de prioridade que devem ser consultados em caso de necessidade, principalmente quando se discutem as configurações absolutas dos compostos.

6.4 Nomenclatura de coordenação ou aditiva

A nomenclatura de adição segue o formalismo histórico introduzido por Alfred Werner, no qual os compostos de coordenação são tratados como espécies produzidas pela adição de ligantes ao elemento central. Assim, o nome deve ser construído ao redor do nome do átomo central, da mesma maneira que a entidade de coordenação é construída ao redor do átomo central.

Exemplo:

$Ni^{2+} + 6\ H_2O \rightarrow [Ni(H_2O)_6]^{2+}$ íon hexa(aqua)níquel(II)

Essa nomenclatura pode ser estendida a estruturas mais complicadas, bi-, tri-, tetra-, penta-, hexa- e polinucleares.

6.5 Fórmulas para compostos de coordenação mononucleares com ligantes monodentados

Na designação de compostos de coordenação por fórmula ou nome há algumas regras a serem seguidas para melhorar a compreensão dos nomes e estruturas.

a) Sequência de símbolos em uma fórmula de coordenação

O átomo central deve ser escrito primeiro. Os ligantes devem ser listados na ordem alfabética, de acordo com o primeiro símbolo de suas fórmulas, ou abreviaturas utilizadas, independente de suas cargas. Ligantes orgânicos complicados podem ser designados por abreviaturas, por exemplo, en (etilenodiamina), edta (etilenodiaminotetra-acetato), gly (glicinato), dmgH (dimetilglioximato) e acac (acetilacetonato).

b) Uso de parênteses, colchetes e chaves

A fórmula para a entidade de coordenação completa, com carga ou não, é escrita entre colchetes. Quando os ligantes são poliatômicos, suas fórmulas vêm entre parênteses. Abreviaturas de ligantes também são colocadas entre parênteses. Não se deixam espaços entre as representações de espécies iônicas dentro de uma fórmula de coordenação.

Exemplos:

$[Co(NH_3)_6]Cl_3$, $[CoCl(NH_3)_4(NO_2)]Cl$,
$[CuCl_2\{O{=}C(NH_2)_2\}_2]$, $K_2[PdCl_4]$

$[Co(en)_3]I_3$ e $Na[PtBrCl(NH_3)(NO_2)]$

Nas fórmulas, a hierarquia dos símbolos de clausura deve seguir a seguinte ordem, respeitando primeiro os colchetes (como designativos da esfera de coordenação), depois os parênteses, ou a sequência de chave seguida por parênteses, quando necessário, como mostrado a seguir:

[ ], [( )], [{( )}], [({( )})], [{({( )})}]

c) Cargas iônicas e números de oxidação

Se a fórmula de uma entidade de coordenação tiver de ser escrita sem o contra-íon, a carga será escrita fora dos colchetes, como sobrescrito, com o número antes da carga. O número de oxidação do átomo central pode ser representado por um algarismo romano usado como sobrescrito do símbolo do elemento.

Exemplos:

$[Pt^{IV}Cl_6]^{2-}$, $[Cr^{III}(NCS)_4(NH_3)_2]^-$ e $[Fe^{-II}(CO)_4]^{2-}$

6.6. Compostos de coordenação mononucleares com ligantes monodentados

a) Sequência do nome do átomo central e dos ligantes

Assim como nas fórmulas, os ligantes recebem os respectivos nomes em ordem alfabética, sem considerar a carga, antes do nome do átomo central. Os prefixos numéricos que indicam o número de ligantes não devem ser considerados na determinação desta ordem.

Exemplo:

di**c**lorido(di**f**enilfosfina)(**t**ioureia)platina(II)

b) Número de ligantes em uma entidade de coordenação

Para indicar o número de cada tipo de ligante em uma entidade de coordenação são usados dois tipos de prefixos numéricos. Os prefixos simples di-, tri-, tetra-, penta-, hexa- etc., derivados dos números cardinais, são, em geral, recomendados. Os prefixos bis-, tris-, tetraquis-, pentaquis-, hexaquis- etc., derivados dos ordinais, são usados com expressões complexas para se evitar a ambiguidade. Por exemplo, pode-se usar diamina, mas bis(metilamina) deve ser usado para diferenciar de dimetilamina.

c) Terminações para nomes das entidades de coordenação

Todas as entidades de coordenação aniônicas levam o sufixo -ato, enquanto as entidades neutras ou catiônicas não têm sufixo diferenciador.

Exemplo:

$[Fe(CN)_6]^{4-}$ hexacianidoferrato(II)

$[Fe(H_2O)_6]^{2+}$ hexa(aqua)ferro(II)

d) Números de carga, números de oxidação e proporções iônicas

Quando o número de oxidação do átomo central puder ser definido sem ambiguidade, ele pode ser indicado por um numeral romano em seguida ao nome do átomo central, colocado entre parênteses. O sinal positivo não é usado, mas, se for o caso, o sinal negativo deve ser colocado antes do número. O algarismo zero indica número de oxidação zero. Nenhum espaço deve ser deixado entre o número e o resto do nome.

Alternativamente, pode-se indicar a carga total da entidade de coordenação, escrita em algarismos arábicos, com o número precedendo o sinal de carga e colocado entre parênteses.

A proporção estequiométrica das entidades iônicas pode ser indicada usando prefixos estequiométricos em ambos os íons, quando necessário.

Exemplos:

$K_4[Fe(CN)_6]$
hexacianidoferrato(II) de potássio ou

hexacianidoferrato(4-) de potássio

$[Ni(NH_3)_6]Cl_2$
cloreto de hexa(amin)níquel(II)

$[CoCl(NO_2)(NH_3)_4]Cl$
cloreto de tetra(amin) cloridonitritocobalto(III)

$[PtCl(NH_2CH_3)(NH_3)_2]Cl$
cloreto de diamincloridometilamina)platina(II)

$[CuCl_2\{O{=}C(NH_2)_2\}_2]$
dicloridobis(ureia)cobre(II)

$K_2[PdCl_4]$
tetracloridopaladato(II) de potássio

$K_2[OsCl_5N]$
pentaclorido(nitrido)osmato(2-) de potássio

$Na[PtBrCl(NO_2)(NH_3)]$
aminbromidocloridonitritoplatinato(1-) de sódio

$[Fe(CNCH_3)_6]Br_2$
brometo de hexaquis[(metil)isocianido]ferro(II)

$[Ru(HSO_3)_2(NH_3)_4]$
tetra(amin)bis(hidrogenossulfito)rutênio(II)

$[PtCl_2(C_5H_5N)(NH_3)]$
amindiclorido(piridina)platina(II)

$Ba[BF_4]_2$
tetrafluoridoborato(III) de bário

$K[CrF_4O]$
tetrafluorido(oxido)cromato(V) de potássio

6.7 Nomes dos ligantes

As regras da IUPAC de 2005 estabelecem, sem exceção, que os nomes dos ligantes aniônicos, tanto orgânicos como inorgânicos, terminados originalmente (em inglês) em *-ide*, *-ite* e *-ate*, quando coordenados, adquirem a terminação -ido, -ito e -ato, respectivamente. Curiosamente, os nomes originais em inglês, terminados em *-ite* e *-ate*, como *sulf**ite*** e *sulf**ate***, sempre foram traduzidos com a terminação -ito e -ato, como em sulf**ito** e sulf**ato**. Em outras palavras, permanecem iguais, na forma livre ou coordenada. Entretanto, os nomes originais em inglês, terminados em *-ide* sempre foram traduzidos como -eto, como em *chloride* = clor**eto**. Agora, em inglês, *chloride* na forma coordenada passa a ser *chlor**ido***, e traduzindo para o português, clor**ido**.

Em resumo, se o nome do ânion termina em -eto, -ito ou –ato, a primeira terminação muda para -ido, e as outras duas são mantidas.

Assim, fluoreto, cloreto, brometo, iodeto, cianeto e hidreto passam a ser denominados fluorido, clorido, bromido, iodido, cianido e hidrido, respectivamente. A antiga denominação de fluoro, cloro, bromo, iodo e ciano, já não pode ser mais aceita na designação específica de ligantes, salvo quando se referem a substituintes ou parte deles, como em cloroacetato, bromofenóxido, iodobenzoato etc. As novas terminações para ânions como ligantes, na realidade, são mais coerentes com a língua portuguesa. Na versão antiga, era difícil acomodar nomes como hidróxido e óxido, como sendo tradução de *hydroxide* e *oxide* em inglês. Pela conversão normal, *-ide* (inglês) mudaria para -eto (português), ou seja, *hydroxide* = hidrox**eto**, o que parece não soar muito bem.

Parênteses são necessários para ligantes inorgânicos aniônicos contendo prefixos numéricos, como (trifosfato), ou para derivados de tio-, seleno- ou teluro-oxoânions contendo mais de um átomo de oxigênio, como tiossulfato. Os nomes para ânions orgânicos que atuam como ligantes são derivados da mesma maneira. Nomes de ligantes neutros ou catiônicos são usados sem modificações e, com exceção de aqua, amin, carbonil e nitrosil, são colocados entre parênteses. Nas Tabelas 6.2 a 6.5 podem ser encontrados os nomes sistemáticos de alguns ligantes, recomendados pela IUPAC.

Exemplos:

CH_3COO^- acetato ou etanoato

CH_3OSOO^- (metil)sulfito

$(CH_3)_2N^-$ dimetilamido

CH_3CONH^- acetamido ou acetilamido

a) Hidrogênio como ligante

Nos seus complexos, o ligante hidrogênio é sempre tratado como aniônico. Para os outros isótopos de hidrogênio há recomendações específicas. Os termos hidrido e hidro são usados para o hidrogênio ligante, mas esta última denominação é restrita à nomenclatura dos compostos de boro.

Exemplos:

H^- íon hidreto = ligante hidrido

D^- íon [^{2}H] hidreto = ligante [^{2}H] hidrido

b) Halogênios como ligantes

Os nomes dos ânions simples derivados de halogênios

recebem, usualmente, o sufixo -ido no lugar de -eto. A Tabela 6.2 apresenta os nomes dos derivados halogênicos comumente encontrados na Química de Coordenação.

Tabela 6.2 – Nomes de alguns ligantes derivados dos halogênios

Ligante	Nome sistemático do íon	Nome do ligante
F^-	fluoreto	fluorido
Cl^-	cloreto	clorido
Br^-	brometo	bromido
I_3^-	triiodeto	triiodido
ClO^-	oxoclorato(1-)	hipoclorito
ClO_2^-	dioxoclorato(1-)	clorito
ClO_3^-	trioxoclorato(1-)	clorato
ClO_4^-	tetraoxoclorato(1-)	perclorato

c) Ligantes baseados nos elementos calcogênios

A Tabela 6.3 refere-se aos derivados dos calcogênios e inclui certos ânions cujos nomes podem diferir daqueles convencionais. Note-se que a **água**, atuando como ligante, recebe a designação aqua.

Tabela 6.3 – Nomes de ligantes derivados dos calcogênios

Fórmula	Nome sistemático do íon ou molécula	Nome do ligante
O_2	dioxigênio	dioxigênio
O^{2-}	óxido	óxido
S^{2-}	sulfeto	sulfido
Se^{2-}	seleneto	selenido
Te^{2-}	telureto	telurido
$(O_2)^{2-}$	dióxido(2-)	peróxido
$(O_2)^-$	dióxido(1-)	superóxido
$(O_3)^-$	trióxido(1-)	ozonido
$(S_2)^{2-}$	di(sulfeto)(2-)	dissulfido
$(Se_2)^{2-}$	di(seleneto)(2-)	disselenido

$(Te_2)^{2-}$	ditelureto(2-)	ditelurido
H_2O	água	aqua
H_2S	sulfeto de hidrogênio	sulfano
H_2Se	seleneto de hidrogênio	selano
H_2Te	telureto de hidrogênio	telano
OH^-	hidróxido	hidróxido
SH^-	sulfaneto ou hidrogenossulfeto	hidrogenossulfido
SeH^-	selaneto ou hidrogenosseleneto	hidrogenosselenido
TeH^-	telaneto ou hidrogenotelureto	hidrogenotelurido
H_2O_2	peróxido de hidrogênio	di-hidrogenoperóxido
H_2S_2	dissulfeto de hidrogênio	dissulfano
Fórmula	Nome sistemático do íon ou molécula	Nome do ligante
H_2Se_2	disseleneto de hidrogênio	disselano
HS_2^-	dissulfaneto	hidrogenodissulfido
CH_3O^-	metanolato	metóxido
$C_2H_5O^-$	etanolato	etóxido
$C_3H_7O^-$	1-propanolato	propóxido
$C_4H_9O^-$	1-butanolato	butóxido
$C_5H_{11}O^-$	1-pentanolato	pentilóxido
$C_{12}H_{25}O^-$	1-dodecanolato	dodecilóxido
CH_3S^-	metanotiolato	metanotiolato
$C_2H_5S^-$	etanotiolato	etanotiolato
$C_6H_5O^-$	fenolato	fenóxido
$C_6H_5S^-$	benzenotiolato	benzenotiolato
$[C_6H_4(NO_2)O]^-$	4-nitrofenolato	4-nitrofenóxido
CO	monóxido de carbono	carbonil
CO_2	dióxido de carbono	dioxometano
CS	sulfeto de carbono	tiocarbonil
CS_2	dissulfeto de carbono	dissulfometano
$C_2O_4^{2-}$	etanodioato	oxalato
HCO_2^-	metanoato	formiato
$CH_3CO_2^-$	etanoato	acetato
SO_2^{2-}	dioxossulfato(2–)	sulfoxilato
SO_3^{2-}	trioxossulfato(2–)	sulfito

HSO_3^-	hidrogenotrioxossulfato(1–)	hidrogenossulfito
SeO_2^{2-}	dioxosselenato(2–)	selenoxilato
$S_2O_2^{2-}$	dioxotiossulfato(2–)	tiossulfito
$S_2O_3^{2-}$	trioxotiossulfato(2–)	tiossulfato
SO_4^{2-}	trioxossulfato(2–)	sulfato
$S_2O_6^{2-}$	hexaoxodissulfato(S-S)(2–)	ditionato
$S_2O_7^{2-}$	m-oxo-hexaoxodissulfato(2–)	dissulfato
TeO_6^{6-}	hexaoxotelurato(6–)	ortotelurato

d) Ligantes baseados nos elementos do grupo 15

Os nomes desses ligantes são apresentados na Tabela 6.4. Note-se que a **amônia**, cujo nome sistemático é **azano**, recebe a designação **amin** quando estiver atuando como ligante.

Tabela 6.4 – Nomes de alguns ligantes derivados de elementos do grupo 15

Fórmula		Nome do ligante
N_2	dinitrogênio	dinitrogênio
P_4	tetrafósforo	tetrafósforo
As_4	tetraarsênio	tetraarsênio
N^{3-}	nitreto	nitrido
P^{3-}	fosfeto	fosfido
As^{3-}	arseneto	arsenido
N_2^{2-}	dinitreto(2-)	dinitrido
N_2^{4-}	dinitreto(4-)	hidrazido
N_3^-	trinitreto, azoteto	azotido
P_2^{2-}	difosfeto(2-)	difosfido
CN^-	cianeto	cianido
NCO^-	cianato	cianato
NCS^-	tiocianato	isotiocianato(N) ou tiocianato
$NCSe^-$	selenocianato	selenocianato

NCN^{2-}	carbodiimidato(2-)	carbodiimidato
NF_3	trifluoroazano	trifluoroazano
NH_3	azano (amônia)	amin
PH_3	fosfano	fosfano
AsH_3	arsano	arsano
SbH_3	estibano	estibano
NH^{2-}	azanodiido	imido
NH_2^-	azaneto	amidido
PH^{2-}	fosfanodiido	fosfanodiido
PH_2^-	fosfaneto	fosfinido
CH_3NH_2	metanamina	metilamina
Fórmula	Nome sistemático	Nome do ligante
$(CH_3)_2NH$	N-metilmetanamina	dimetilamina
$(CH_3)_3N$	N,N-dimetilmetanamina	trimetilamina
CH_3PH_2	metilfosfano	metilfosfano
$(CH_3)_2PH$	dimetilfosfano	dimetilfosfano
$(CH_3)_3P$	trimetilfosfano	trimetilfosfano
CH_3N^{2-}	metanaminato(2-)	metilimido
CH_3NH^-	metanaminato(1-)	metilamido
$[(CH_3)_2N]^-$	N-metilmetanaminato	dimetilamido
$[(CH_3)_2P]^-$	dimetilfosfaneto	dimetilfosfanido
CH_3PH^-	metilfosfaneto	metilfosfanido
HN=NH	diazeno	diimina
$H_2N\text{-}NH_2$	diazano	hidrazina
$HN{=}N^-$	diazenideto	diiminidido
HP=PH	difosfeno	difosfeno
$H_2P\text{-}PH_2$	difosfano	difosfano
HAs=AsH	diarseno	diarseno
$H_2As\text{-}AsH_2$	diarsano	diarsano
H_2NOH	hidroxiazano	hidroxilamina
HNO^{2-}	hidroxil-aminato(2-)	hidroxilimido
PO_3^{3-}	trioxofosfato(3-)	fosfito
HPO_2^{2-}	hidretodioxofosfato(2-)	fosfonito
H_2PO^-	di(hidreto)oxofosfato(1-)	fosfinito
AsO_3^{3-}	trioxoarsenato(3-)	arsenito
PO_4^{3-}	tetra(oxo)fosfato(3-)	fosfato
HPO_3^{2-}	hidretotrioxofosfato(2-)	fosfonato

$H_2PO_2^-$	di(hidreto)dioxofosfato(1-)	fosfinato
AsO_4^{3-}	tetra(oxo)arsenato(3-)	arsenato
$P_2O_7^{4-}$	m-oxo-hexa(oxo)difosfato(4-)	difosfato
$C_6H_5N_2^-$	fenildiazenideto	fenildiazenidido
NO_2^-	nitrito	nitrito-O
	nitrito	nitrito-N, ou nitro
NO_3^-	nitrato	nitrato
NO	monóxido de nitrogênio	nitrosil
NS	monossulfeto de nitrogênio	tionitrosil

e) Ligantes orgânicos

Os nomes dos compostos orgânicos neutros são os mesmos usados para os ligantes correspondentes, sem modificações. Os nomes são modificados se o ligante apresentar carga. Esses nomes devem obedecer às regras da Nomenclatura de Química Orgânica.

Os nomes dos ligantes derivados de compostos orgânicos neutros pela perda formal de átomos de hidrogênio recebem a terminação -ato. Nas fórmulas, os parênteses e as chaves são usados para separar esses ligantes, sejam neutros ou carregados, substituídos ou não substituídos. O nome de um cátion coordenado é usado sem mudanças. Ligantes coordenados ao metal por átomos de carbono são tratados como organometálicos e recebem nomes de radicais. Os nomes dos radicais mais comuns não necessitam ser colocados entre parênteses.

Abreviaturas são comumente usadas na literatura química. Uma lista das abreviaturas de ligantes mais comuns é apresentada na Tabela 6.5. Algumas regras devem ser seguidas no uso dessas abreviaturas. Assume-se sempre que o leitor não está familiarizado com as abreviações e, consequentemente, recomenda-se que todo texto deve explicar as abreviaturas nele usadas. Essas abreviaturas devem ser as mais curtas possíveis e não devem gerar confusões. Por exemplo, as abreviaturas para grupos orgânicos usuais, Me = metil, Et = etil, Bu = butil etc., não devem ser usadas com outro significado. Por exemplo, Me não pode ser usado como designativo de metal (M). A abreviatura mais adequada deve ser aquela que facilmente sugere o nome do ligante, ou porque é obviamente derivada do nome do ligante, ou porque está sistematicamente relacionada à sua estrutura.

Um esforço no sentido de padronização das abreviaturas usadas pelos diversos grupos de pesquisa em uma dada área é fundamental para melhorar a comunicação científica. O uso de nomes locais ou triviais é desencorajado. As posições sequenciais das abreviaturas nas fórmulas devem estar de acordo com as recomendações já apresentadas anteriormente. Letras minúsculas são recomendadas para todas as abreviações, com exceção de certos radicais de hidrocarbonetos como Me, Et e Bu. Nas fórmulas, as abreviaturas devem aparecer entre parênteses, como em $[Co(en)_3]^{3+}$. Na Tabela 6.5, os átomos de hidrogênio que puderem ser substituídos pelo átomo metálico são mostrados na abreviatura pelo símbolo H. Assim, a molécula Hacac forma um ligante aniônico, abreviado como acac.

Tabela 6.5 – Abreviaturas de ligantes orgânicos

Abreviaturas	Nome usual	Nome sistemático do composto
Ligantes simples		
tu	tioureia	tioureia
tcnq	tetracianoquinodimetano	2,2'-(2,5-ciclohexadieno-1,4-diilideno)bis (1,3-propanodinitrila)
ur	ureia	ureia
dmso	dimetil-sulfóxido	sulfinildimetano
Dicetonas		
Hacac	acetilacetonato	2,4-pentanodiona
Hhfa	hexafluoroacetilacetona	1,1,1,5,5,5-hexafluoro-2,4-pentanodiona
Hba	benzoilacetona	1-fenil-1,3-butanodiona
Hfta	trifluoroacetilacetona	1,1,1-trifluoro-2,4-pentanodiona
Hdbm	dibenzoilmetano	1,3-difenil-1,3-propanodiona
Aminoálcoois		
Hmea	monoetanolamina	2-aminoetanol
H_3tea	trietanolamina	2,2',2''-nitrilotrietanol
H_2dea	dietanolamina	2,2'-iminodietanol
Hidrocarbonetos		
cod	ciclooctadienil	1,5-ciclooctadieno
cot	ciclooctatetraenil	1,3,5,7-ciclooctatetraeno

Cp	ciclopentadienil	ciclopentadienil
Cy	ciclohexil	ciclohexil
Ac	acetil	acetil
Bu	butil	butil
Bzl	benzil	benzil
Et	etil	etil
Me	metil	metil
nbd	norbornadienil	biciclo[2.2.1]hepta-2,5-dieno
Ph	fenil	fenil
Pr	propil	propil
Heterocíclicos		
py	piridina	piridina
bpy	2,2'-bipiridina	2,2'-bipiridina
pz	pirazina	pirazina
thf	tetra-hidrofurano	tetra-hidrofurano
Hpz	pirazol	1H-pirazol
Him	imidazol	1H-imidazol
terpy	2,2',2",-terpiridina	2,2':6,2"-terpiridina
pic	α-picolina	2-aminometilpiridina
isn	isonicotinamida	4-piridinacarboxamida
nia	nicotinamida	3-piridinacarboxamida
pip	piperidina	piperidina
lut	lutidina	2,6-dimetilpiridina
Hbim	benzimidazol	1*H*-benzimidazol
Quelantes		
H_4edta	ácido etilenodiamina tetraacético	(edta^{4-}) = (1,2-etanodiildinitrilo)tetraacetato
H_5dtpa	*N,N,N',N",N'"*-dietileno triamina-pentaacético	(dtpa^{5-}) = {[(carboximetil)imino]bis-(etileno-nitrilo)}tetraacetato
H_3nta	ácido nitrilotriacético	(nta^{3-}) = nitrilotriacetato
H_4cdta	ácido *trans*-(1,2-ciclo-hexanodia-mina)tetraacético	(cdta^{4-}) = *trans*-(1,2-ciclohexanodiil-dinitri-lo)tetraacetato
H_2ida	ácido iminodiacético	(ida^{2-}) = iminodiacetato
dien	dietilenotriamina	*N*-(2-aminoetil)-1,2-etanodiamina
en	etilenodiamina	1,2-etanodiamina
pn	propilenodiamina	1,2-propilenodiamina
tmen	*N,N,N',N'*,-tetrametiletileno-dia-mina	N,N,N',N',-tetrametil-1,2-etanodiamina
tn	trimetilenodiamina	1,3-propanodiamina
tren	tris(2-aminoetil)amina	tris(2-aminoetil)amina

trien	trietilenotetramina	*N,N'*,-bis(2-aminoetil)-1,2-etanodiamina
chxn	1,2-diamino(ciclo-hexano)	1,2-(ciclo-hexano)diamina
hmta	hexametilenotetramina	1,3,5,7-tetraazatriciclo[3.3.1.1]decano
Hthsc	tiosemicarbazida	hidrazinacarbotioamida
depe	1,2-bis(dietilfosfino)etano	1,2-etanodiilbis(dietilfosfina)
diars	o-fenilenobis(dimetilarsina)	1,2-fenilenobis(dimetilarsina)
dppe	1,2'-bis(difenilfosfino)etano	1,2-etanodiilbis(dietilfosfino)
hmpa	hexametilfosforamida	hexametilfosforamida
bpy	2,2'-bipiridina	2,2'-bipiridina
H^2dmg	dimetilglioxima	2,3-butanodiona dioxima
phen	1,10-fenantrolina	1,10-fenantrolina
Het_2dtc	ácido dietilditiocarbâmico	ácido dietilditiocarbâmico
H_2mnt	maleonitriladitiol	2,3-dimercapto-2-butenodinitrila
dmf	dimetilformamida	*N,N*-dimetilformamida
bases de Schiff		
H_2salen	bis(salicilideno)etileno-diamina	2,2'-[1,2-etanodiilbis(nitrilo- metilidino)] difenol
H_2acacen	bis(acetil-acetona)etileno dia-mina	4,4'-(1,2-etanodiildinitrilo)bis(2-pentanona)
H_2salgly	salicilidenoglicina	*N*-[(2-hidroxifenil)metileno]glicina
H_2saltn	bis(salicilideno)-1,3-diaminopro-pano	2,2'-[1,3-propanodiilbis(nitrilo-metilidino)] difenol
H_2saldien	bis(salicilideno)dietileno-tria-mina	2,2'-[iminobis(1,2-etanodiilbis(nitrilo-metili-dino)]difenol
H_2tsalen	bis(2-mercaptobenzilideno) etile-nodiamina	2,2'-[1,2-etanodiilbis(nitrilo-metilidino)] dibenzenotiol
Macrocíclicos		
18-crown-6	1,4,7,10,13,16-hexaoxaciclo-(octa-decano)	1,4,7,10,13,16-hexaoxaciclo(octa-decano)
benzo--15-crown-5	2,3-benzo-1,4,7,10,13-penta-oxaci-clopentadec-2-eno	2,3,5,6,8,9,11,12-octa(hidro)-1,4,7,10,13-ben-zopentaoxaciclo-pentadeceno
criptato 222	4,7,13,16,21,24-hexaoxa-1,10-dia-zabiciclo[8.8.8]hexacosano	4,7,13,16,21,24-hexaoxa-1,10-diazabiciclo [8.8.8]hexacosano
criptato 211	4,7,13,18-tetraoxa-1,10-diaza biciclo[8.5.5]icosano	4,7,13,18-tetraoxa-1,10-diazabiciclo [8.5.5] icosano
[12]anoS_4	1,4,7,10-tetratiaciclododecano	1,4,7,10-tetratiaciclo dodecano
H_2pc	ftalocianina	ftalocianina
H_2tpp	tetrafenilporfirina	5,10,15,20-tetrafenilporfirina
H_2oep	octaetilporfirina	2,3,7,8,12,13,17,18-octaetilporfirina
ppIX	protoporfirina IX	$ppIX^{2-}$ = 3,7,12,17-tetrametil-8,13-divinil porfirina-2,18-dipropanoato

[18]anoP_4O_2	1,10-dioxa-4,7,13,16-tetrafosfa ciclooctadecano	1,10-dioxa-4,7,13,16-tetrafosfa ciclooctadecano
[14]anoN_4	1,4,8,11-tetraazaciclotetra- decano	1,4,8,11-tetraazaciclotetradecano
[14]1,3-dienoN_4	1,4,8,11-tetraazaciclotetradeca--1,3-dieno	1,4,8,11-tetraazaciclotetradeca-1,3-dieno
Me4[14]anoN_4	2,3,9,10-tetrametil-1,4,8,11-tetraazaciclotetradecano	2,3,9,10-tetrametil-1,4,8,11-tetraazaciclotetradecano
ciclam	1,4,8,11-tetraazaciclotetradecano	1,4,8,11-tetraazaciclotetradecano

6.8 Nomenclatura de quelatos

Os ligantes quelantes devem ser tratados de acordo com as regras já descritas para os ligantes monodentados, respeitando as sequências dos símbolos e os critérios de uso de parênteses, chaves e colchetes, bem como de cargas iônicas e estados de oxidação. Entretanto dois pontos adicionais requerem atenção: a indicação dos átomos do ligante que fazem a união com o metal e a indicação da estereoquímica.

a) Indicação dos átomos ligantes

Um ligante polidentado apresenta vários átomos coordenantes que podem participar efetivamente da esfera de coordenação do íon metálico. Se esses átomos estiverem dispostos em sequência linear, a ordem de citação será a sucessiva, com os símbolos dos elementos em itálico. Quando os átomos forem de natureza distinta, além da ordem sequencial, poderá ser aplicada a ordem alfabética.

Exemplos:

cisteinato-*N,S*   cisteinato-*N,O*

A rigor, a designação dos ligantes orgânicos deverá estar de acordo com a nomenclatura oficial adotada.

Quando um mesmo elemento coordenante encontrar-se em posições diferentes, o seu posicionamento deverá ser indicado por meio de sobrescritos numéricos.

Exemplos:

tartarato(3-)-O^1,O^2

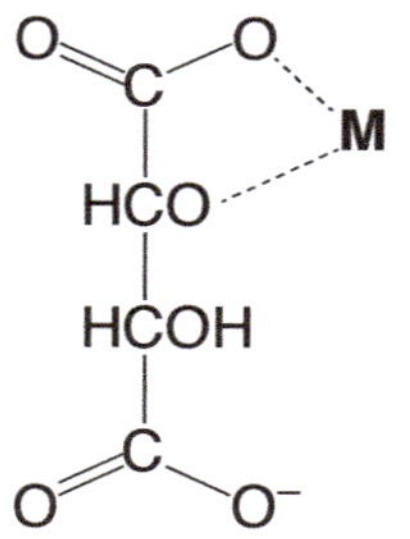

tartarato(2-)-O^1,O^4

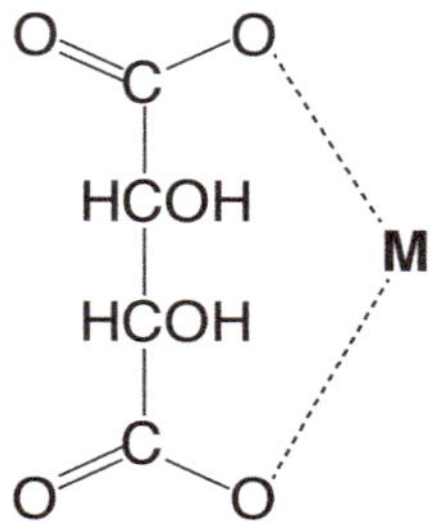

Em casos gerais, a indicação dos átomos ligantes poderá ser realizada por meio da letra grega kappa κ, precedendo o símbolo atômico em *itálico*. No caso de vários átomos ligantes idênticos, a multiplicidade deverá ser indicada por sobrescrito em κ.

Exemplo:

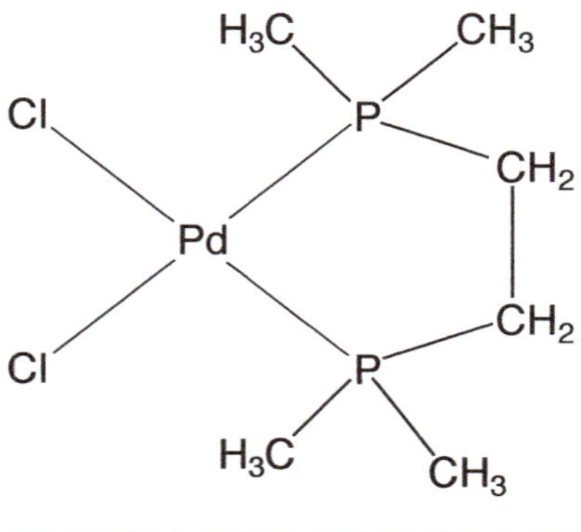

$[Pd\{(CH_3)_2PCH_2CH_2P(CH_3)_2\}Cl_2]$
dicloro[1,2-etanodiilbis(dimetilfosfina)-κ^2P]paládio(II)

Nos casos mais complicados, a letra κ deverá ser colocada após o grupo, no qual o átomo ligante se insere.

Exemplos:

[2-(difenilfosfino-κ***P***)-fenil-κC^1]hidrido(trifenilfosfina-κ***P***)níquel(II)

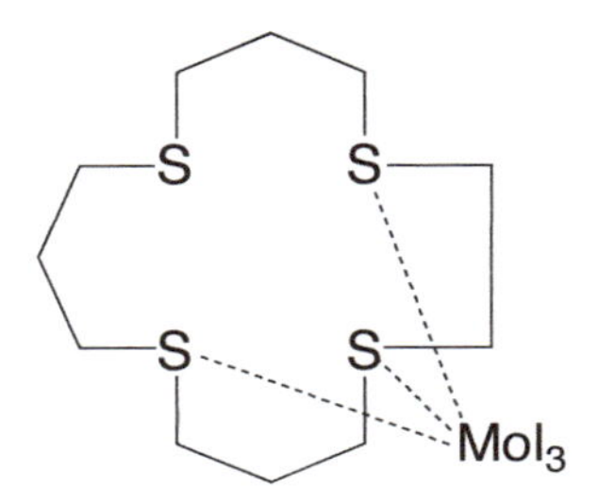

triiodido[1,4,8,12-tetratiaciclopentadecano-κ^3$S^1S^4S^{,8}$]molibdênio, ou

triiodido[1,4,8,12-tetratiaciclopentadecano-κ^3$S^{1,4,8}$] molibdênio

[(1,2-etanodiidinitril-κ^2*N,N'*)(tetraacetato-κ^2***O,O''***)] platinato(2-)

b) Indicação da estereoquímica

Os indicadores estereoquímicos para quelatos devem obedecer à mesma sistemática adotada para ligantes monodentados, incluindo os números de priorização usados na representação poliédrica. A execução desse procedimento deverá ser consultada no Livro Vermelho da IUPAC.

Exemplos:

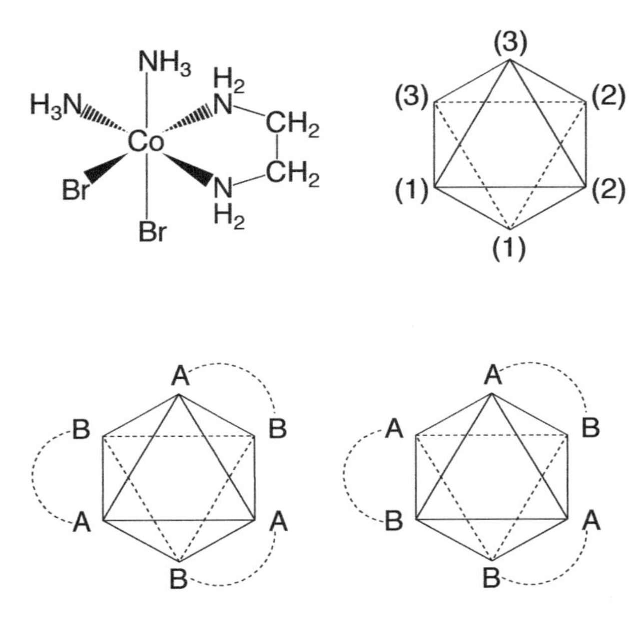

Existem duas maneiras de efetuar a indicação da quiralidade em um dado composto:

a. por meio da convenção R ou S baseada na sequência cíclica, crescente no sentido horário ou anti-horário, respectivamente, dos números de priorização conforme adotado na Química Orgânica.

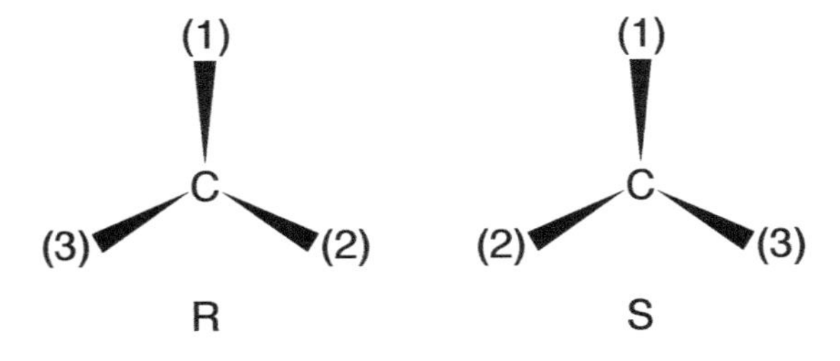

Exemplo:

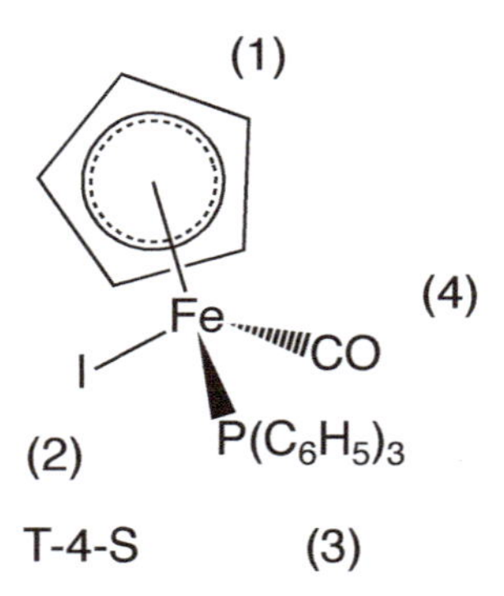

Essa convenção proposta para geometrias tetraédricas, como é o caso dos compostos orgânicos, requer algumas adaptações para os compostos de coordenação. O Livro Vermelho da IUPAC deve ser consultado em caso de dúvida.

b. por meio da convenção delta ou lambda, baseada no traçado de duas linhas direcionais para uma disposição helicoidal: a linha central (AA) e a linha tangencial (BB) que acompanha cada passo da hélice, evoluindo no sentido horário (delta) ou anti-horário (lambda). Esse sistema, aplicado para os compostos orgânicos, está ilustrado para o octaedro da seguinte forma:

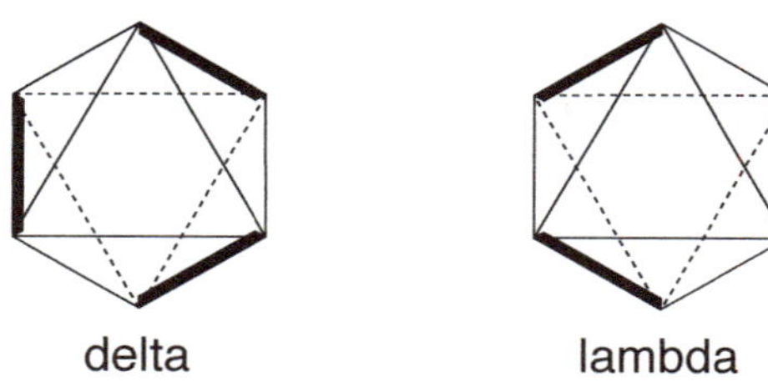

As letras Δ e Λ (maiúsculas) são usadas para configurações, ao passo que δ e λ (minúsculas) são usadas para conformações, com o mesmo significado.

6.9 Complexos polinucleares

Os compostos inorgânicos polinucleares podem apresentar uma enorme variedade de tipos estruturais, visto que englobam os sólidos iônicos, polímeros moleculares, cadeias de oxoânions, compostos cíclicos, compostos com grupos de ponte e *clusters* homo- ou heteronucleares. O detalhamento necessário para a proposição da nomenclatura torna-se muito complicado e já existem publicações específicas da IUPAC norteando os procedimentos de nomenclatura nesses casos.

Em linhas gerais, as seguintes recomendações devem ser observadas:

- os ligantes devem ser citados na ordem alfabética com os prefixos numéricos correspondentes;
- os ligantes de ponte devem ser indicados com a letra grega μ associada ao nome por meio de hífen. Ao mesmo tempo, todo conjunto deve ser separado do resto do nome por meio de hífen ou parênteses;
- a presença de vários ligantes de ponte, equivalentes, deve ser indicada por meio de multiplicativos. Exemplos: tri-μ-clorido-, bis(μ-pirazina);
- o número de centros de coordenação (n) unidos pelo ligante de ponte deve ser indicado por meio de subscrito, ou seja, μ_n, em que n > 2 (o índice 2, por ser óbvio, não deve ser usado para os sistemas com pontes simples);
- a colocação do nome do ligante em ponte deve preceder o do ligante semelhante monocoordenado (por exemplo, di-μ-clorido-tetraclorido);
- a colocação dos vários ligantes de ponte deve ser feita em ordem decrescente de complexidade (por exemplo, μ_3-óxido-μ-óxido-μ-peróxido-);
- o nome do átomo central deve ser citado após os dos ligantes, acompanhado dos respectivos prefixos numéricos.

Exemplos:

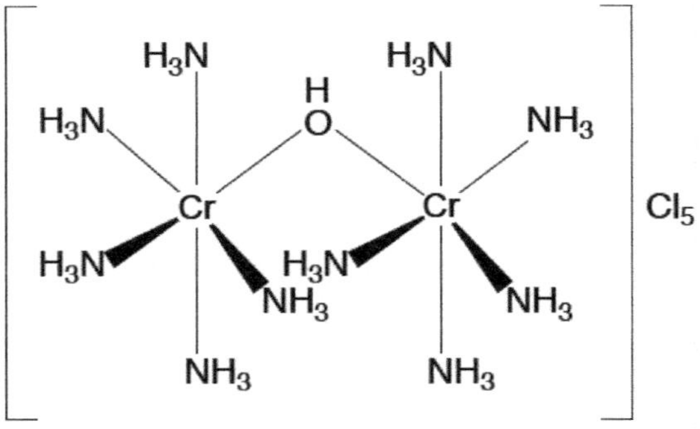

$[\{Cr(NH_3)_5\}_2(\mu\text{-}OH)]Cl_5$

pentacloreto de μ-hidróxido-bis(pentaamincrômio)(5+)

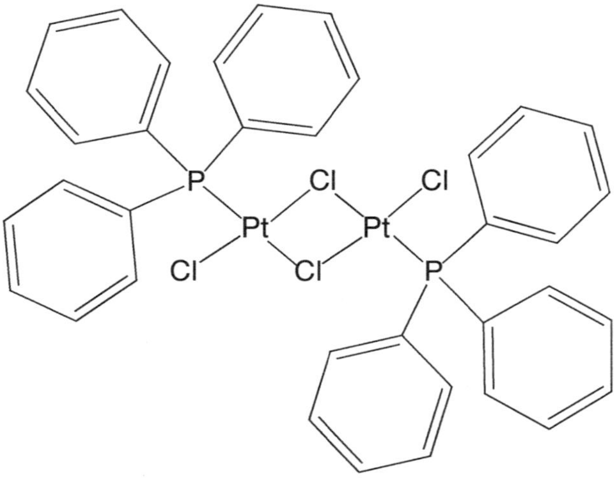

$[[PtCl\{P(C_6H_5)_3\}]_2(\mu\text{-}Cl)_2]$

di-μ-clorido-bis[clorido(trifenilfosfina)platina(II)]

- quando necessário, a letra κ associada ao símbolo atômico em *itálico* também pode ser usada para indicar os átomos ligantes na ponte, desde que separados por dois pontos (:). Exemplo:

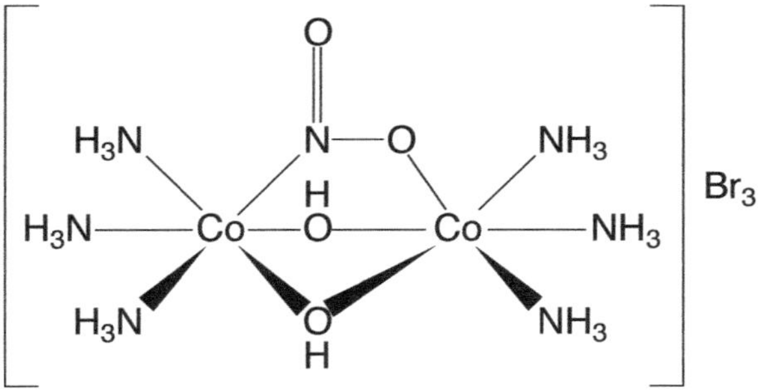

$[\{Co(NH_3)_3\}_2(\mu\text{-}OH)_2(\mu\text{-}NO_2)]Br_3$

tribrometo de di-μ-hidróxido-μ-nitrito-κ-*N*:κ-*O* -bis(triamincobalto)(3+)

- o prefixo *ciclo-* ou correlato (em *itálico*), pode ser usado para designar compostos monocíclicos. Exemplos:

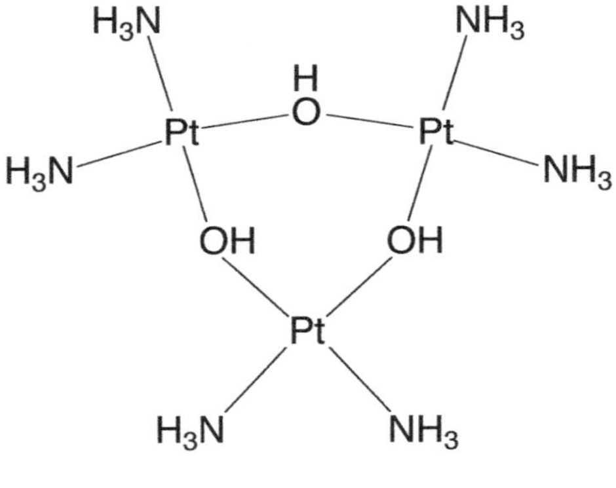

$[Pt_3(NH_3)_6(\mu\text{-}OH)_3]^{3+}$

íon *ciclo*-tri-μ-hidróxido-tris(diaminplatina)(3+) ou

íon hexa(amin)tri-μ-hidróxido-*triângulo*-triplati- -na(3+).

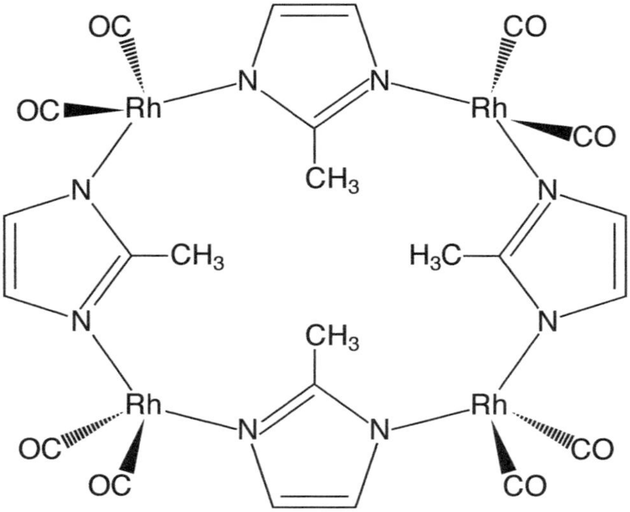

ciclo-tetraquis(μ-2-metilimidazolato-κN^1:κN^3)
tetraquis(dicarbonilródio)(I)

- a formação de polímeros de coordenação pela participação de pontes entre unidades repetitivas pode ser expressa em termos dos nomes das unidades constitucionais mais simples. As unidades constitucionais repetitivas são denominadas UCR. Elas devem ser identificadas segundo as regras de nomenclatura para compostos inorgânicos ou de coordenação. A nomenclatura deve acompanhar as recomendações adotadas para polímeros, utilizando-se o prefixo *catena*-poli seguido do nome da UCR.

Exemplos:

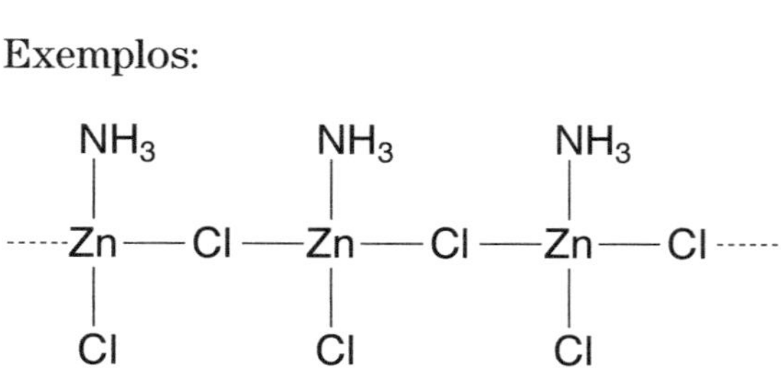

$ZnCl_2{\cdot}NH_3$

catena-poli[-μ-clorido-{amincloridozinco(II)}]

$PdCl_2$

catena-poli[μ-diclorido-paládio(II)]

6.10 *Clusters* ou compostos de aglomerados metálicos

Arranjos de três ou mais átomos metálicos ligados entre si formando estruturas tridimensionais são chamados *clusters* (em português, cachos, aglomerados). A nomenclatura de espécies polinucleares, como os *clusters*, com ligação metal-metal, é fundamentalmente a mesma das espécies polinucleares com grupos tipo ponte entre centros de coordenação. Os ligantes são citados em ordem alfabética, seguidos pela citação dos centros de coordenação, em uma segunda sequência em ordem alfabética. A ligação metal-metal é indicada no nome do composto colocando-se os símbolos dos metais, em *itálico*, separados por um traço, entre parênteses.

Pode-se, também, fazer uso de representações estruturais por figuras geométricas, indicando indicando quando necessário, os centros metálicos por meio de números. A nomenclatura deve proporcionar uma descrição da estrutura proposta.

Exemplos:

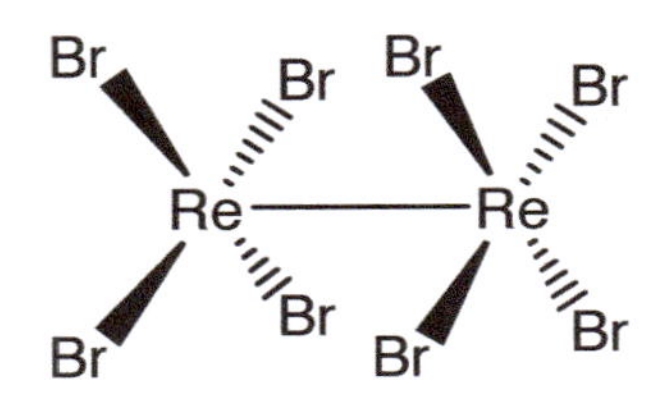

$[Br_4ReReBr_4]^{2-}$

íon octabromido-1κ^4*Br*,2κ^4*Br*-di-renato(*Re-Re*)(2-)

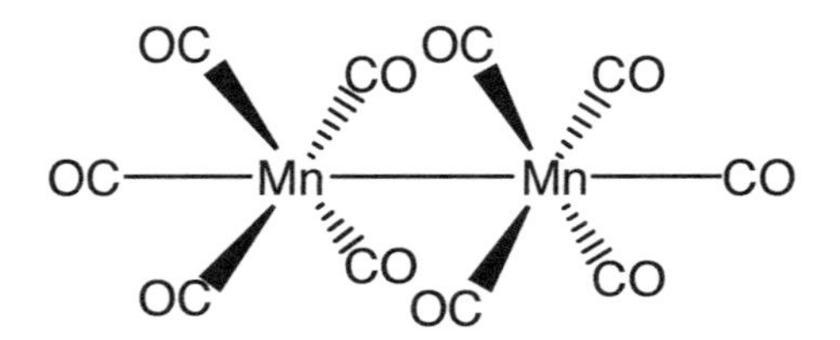

$[(OC)_5MnMn(CO)_5]$

deca(carbonil)-1κ^5*C*,2κ^5*C*- dimanganês(*Mn*-*Mn*)

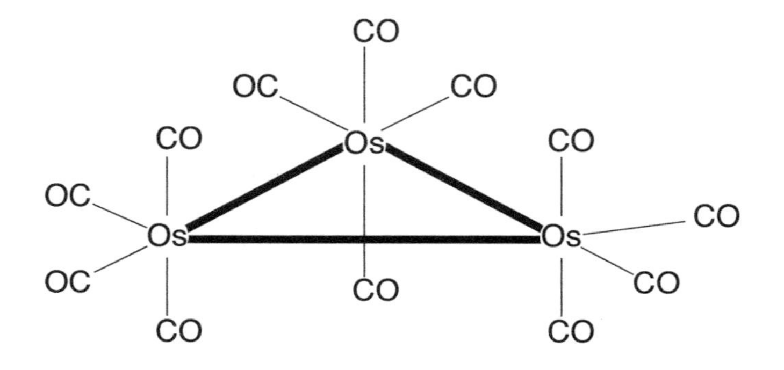

$[\{Os(CO)_4\}_3]$

ciclo-dodeca(carbonil)-*triângulo*-triosmio(3Os-Os)

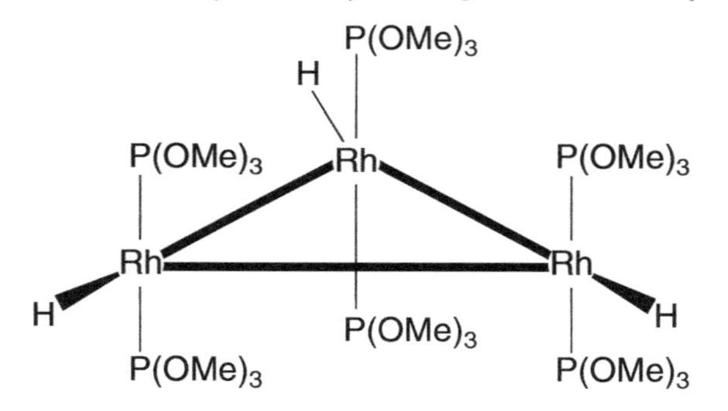

tris(hidrido)hexaquis(trimetilfosfito)-3κ-*triângulo*-tri-ródio(I)(3*Rh*-*Rh*)

CAPÍTULO 7

NOMENCLATURA IV: COMPOSTOS ORGANOMETÁLICOS

Os compostos organometálicos formam uma classe muito numerosa de compostos que têm, como característica comum, a presença de pelo menos uma ligação metal-carbono.

Embora o CO (monóxido de carbono) não seja uma molécula tipicamente orgânica, seus compostos com metais são considerados organometálicos. Os cianetos metálicos, em virtude da ligação M—CN são, muitas vezes, tratados como compostos organometálicos.

A nomenclatura dos compostos organometálicos segue o sistema aditivo ou de coordenação, já descrito no capítulo anterior. São mantidas as mesmas regras para os complexos e acrescentados alguns novos indicadores para melhor caracterizar a posição da ligação metal-carbono.

Nos compostos organometálicos, o caráter covalente é muito acentuado e, às vezes, pode ser difícil formular o estado de oxidação correto das espécies. A nomenclatura pode variar em função disso, como no $TiCl_3CH_3$. Se o composto foi formulado como $[Ti^{III}Cl_3CH_3]$, o nome será tricloridometiltitânio(III). Se o composto for formulado como $[Ti^{IV}Cl_3(CH_3)]$, deve-se colocar uma carga iônica negativa no ligante metil para gerar o CH_3^-. Neste caso, o nome fica tricloridometanidotitânio(IV).

Os ligantes orgânicos derivados da perda de um H^+, formando os ânions correspondentes, recebem a terminação -ido:

Exemplos:

CH_3^- metanido

$CH_3CH_2^-$ etanido

$C_6H_5^-$ benzenido

$(C_5H_5)^-$ ciclopentadienido

Entretanto, por tradição, na maioria dos compostos organometálicos, os ligantes são descritos como substituintes neutros (radicais), cujos nomes são derivados da nomenclatura substitutiva dos compostos de hidrogênio, removendo um H. Dessa forma, recebem a terminação -il.

Exemplos:

CH_3^- metil

$CH_3CH_2^-$ etil

$C_6H_5^-$ fenil

$C_6H_5CH_2^-$ benzil

Me_3Si^- trimetilsilil

7.1 Carbonil-metais

Quase todos os metais de transição formam compostos nos quais o CO é o ligante. Há três aspectos que devem ser observados nesses compostos: 1) o CO não é considerado uma base de Lewis forte, mas forma ligações fortes com os metais nos complexos; 2) os metais estão sempre em baixo estado de oxidação, incluindo, frequentemente, o estado de oxidação formal zero e estados de oxidação negativos; 3) a regra do número atômico efetivo (NAE) e a regra dos "18 elétrons" são obedecidas com enorme frequência nessa classe de compostos.

O estado formal de oxidação dos metais nos compostos a seguir é zero. Nos nomes dos carbonil-metais deve-se indicar o número de ligantes CO por meio de prefixos.

Exemplos:

$[Cr(CO)_6]$ hexacarbonilcrômio(0)

$[Fe(CO)_5]$ pentacarbonilferro(0)

$[Ni(CO)_4]$ tetracarbonilníquel(0)

Regra do NAE – esta regra estabelece que a soma do número de elétrons do metal com o número de elétrons cedidos ou compartilhados pelos ligantes é igual ao número atômico do gás nobre do período do elemento correspondente.

Exemplo:

$Cr \rightarrow$ 24 elétrons (total de e^- do crômio)

6 $CO \rightarrow$ 12 elétrons (doação de 2 e^- de cada CO)

$[Cr(CO)_6] \rightarrow$ 36 elétrons (número atômico do Kr)

Regra dos "18 elétrons" – nesta formulação a soma dos elétrons da camada de valência do metal (camada externa ou incompleta) com o número de elétrons cedidos pelos ligantes é igual a 18 (número atômico do Ar).

Exemplos:

$Fe \rightarrow$ 8 elétrons

5 $CO \rightarrow$ 10 elétrons

$[Fe(CO)_5] \rightarrow$ 18 elétrons

e

$Ni \rightarrow$ 10 elétrons

4 $CO \rightarrow$ 8 elétrons

$[Ni(CO)_4] \rightarrow$ 18 elétrons

Metais com número ímpar de elétrons não podem satisfazer a regra do NAE ou a regra dos "18 elétrons" pela adição de moléculas do ligante CO. Há várias possibilidades para esses metais completarem a NAE ou os "18 elétrons".

Considere-se o organometálico de Mn^0 com CO. Nesse caso, o Mn^0 tem 25 elétrons e, ao associá-lo a cinco moléculas de CO, obtém-se um NAE igual a 35. Os 36 elétrons podem ser conseguidos associando-se a espécie $Mn(CO)_5$ com um átomo que ceda um elétron (como H ou Cl) ou a outra espécie idêntica, $Mn(CO)_5$. Nesse caso, há formação de um dímero com ligação metal-metal (Mn–Mn).

Exemplos:

$[Mn(CO)_5H]$	pentacarbonil-hidrogeniomanganês(0) ou pentacarbonil(hidrido)manganês(I)
$[Mn(CO)_5Cl]$	pentacarbonilcloromanganês(0) ou pentacarbonilcloridomanganês(I)
$[Mn_2(CO)_{10}]$	decacarbonildimanganês(0) (*Mn-Mn*)

Além de dímeros, é comum a formação de trímeros ou tetrâmeros.

Exemplos:

$[Fe_2(CO)_9]$, $[Fe_3(CO)_{12}]$, $[Co_4(CO)_{12}]$

Nesses casos também são obedecidas as regras do NAE e dos “18 elétrons”.

Um carbonil-metal com um número impar de elétrons pode se estabilizar sob a forma do ânion correspondente, por meio da reação com um doador de elétrons, como o Na^0.

Exemplos:

$[V(CO)_6] + Na^0 \rightarrow Na[V(CO)_6]$

hexacarbonilvanadato(-I) de sódio

$[Mn_2(CO)_{10}] + 2\ Na^0 \rightarrow 2\ Na[Mn(CO)_5]$

pentacarbonilmanganato(-I) de sódio

Os metais com número par de elétrons também podem formar ânions carbonil-metais, recebendo, nesse caso, dois elétrons.

Exemplo:

$[Fe_3(CO)_{12}] + 6\ Na^0 \rightarrow 6\ Na^+ + 3\ [Fe(CO)]_4^{2-}$

ânion tetracarbonilferrato(-II)

Exemplos de carbonil-complexos neutros e iônicos de metais da primeira série de transição:

$[V(CO)_6]$	$[Cr(CO)_6]$	$[Mn_2(CO)_{10}]$	$[Fe(CO)_5]$
$[Co_2(CO)_8]$	$[Ni(CO)_4]$	$[V(CO)_6]^-$	$[Cr(CO)_5]^-$
$[Mn(CO)_5]^-$	$[Fe(CO)_4]^{2-}$	$[Co(CO)_4]^-$	
	$[Mn(CO)_6]^+$	$[Fe(CO)_6]^{2+}$	

7.2 Nitrosil-metais

O NO (óxido nítrico) também pode formar complexos com metais como no caso do CO. O NO de fórmula estrutural N≡O apresenta caráter de radical livre, e quando se coordena nessa forma é considerado um ligante doador de três elétrons. Já o íon NO^+ é isoeletrônico do CO e se comporta como doador de dois elétrons. O íon NO^- também tem número par de elétrons e se comporta como doador de dois elétrons.

Exemplos:

$[Co(CO)_3(NO)]$	tricarbonilnitrosilcobalto(0)
$[Fe(CO)_2(NO)_2]$	dicarbonildinitrosilferro(0)
$[Cr(NO)_4]$	tetranitrosilcrômio(0)

7.3 Alquil-metais

Os alquil-metais são compostos organometálicos simples que contêm uma ou mais ligações M-Alquil. Os exemplos mais conhecidos de alquil-metais são os compostos de Grignard, do tipo R-Mg-X, em que R é um radical orgânico alquil e X é um haleto.

O Mg é um metal alcalino terroso. Os compostos de Grignard são intermediários para a obtenção de vários tipos de compostos orgânicos. Há muitos outros exemplos de compostos organometálicos desse tipo.

Exemplos:

$[Pb(C_2H_5)_4]$	tetraetilchumbo(0) ou tetraetil plumbano(0)
LiC_3H_7	propil-lítio
$[Zn(CH_3)(C_6H_5)]$	fenilmetilzinco(0)
CH_3MgI	iodidometilmagnésio(0)
$(CH_3)_3SnCl$	cloridotrimetilestanho(I)

7.4 Complexos de etileno, diolefinas e metalocenos

O etileno, $H_2C{=}CH_2$, assim como outras olefinas, também forma complexos com alguns metais, principalmente Pt e Pd. A interação metal-etileno não envolve somente o átomo de carbono do etileno, mas praticamente toda a molécula.

Um exemplo é o íon complexo $[PtCl_2(C_2H_4)]^-$ que tem uma geometria quadrada como na representação estrutural seguinte:

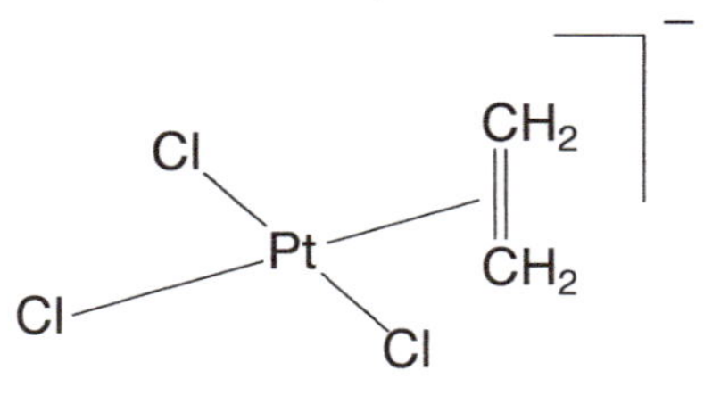

Na realidade, a molécula plana do C_2H_2 localiza-se perpendicularmente ao plano do complexo. A ligação Pt--olefina tem caráter de dupla ligação e tem contribuição da chamada "retrodoação" (em inglês, *back-donation*). A teoria que melhor explica a formação da ligação é a teoria dos orbitais moleculares (TOM). Nesse caso, ocorre a doação de elétrons do etileno para um orbital **d** vazio da Pt e, ao mesmo tempo, há uma retrodoação de elétrons de um orbital **d** cheio da Pt para um orbital antiligante do etileno, como no esquema:

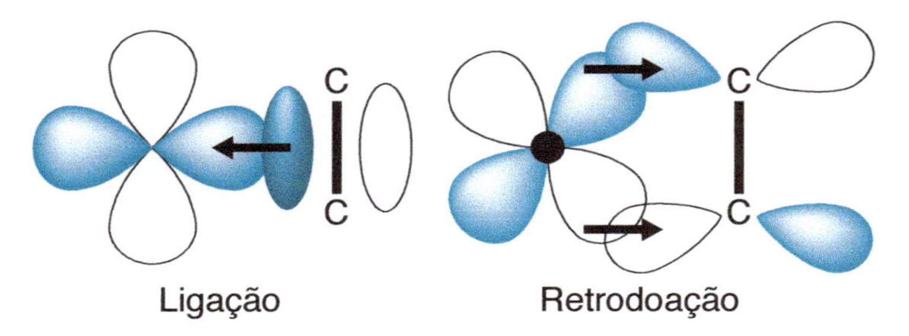

Os complexos com olefinas são chamados complexos π. Em geral, a ligação formada pelo etileno e outras mono-olefinas com metais é fraca e os complexos que contêm mais do que uma molécula de olefina por átomo do metal são instáveis.

Quando uma diolefina, como o 1,5-hexadieno, $H_2C{=}CH{-}CH_2{-}CH_2{-}C{=}CH_2$, associa-se a um metal, podem se formar duas ligações com o metal, como se fosse um quelato, conforme mostra a representação estrutural:

CH CH₂ CH CH₂ Pt Cl Cl

Da mesma forma, o C_8H_{12} (1,5-ciclo-octadieno), um dieno cíclico, forma o complexo $[PtCl_2(C_8H_{12})]$ no qual o C_8H_{12} atua como um ligante quelante, conforme a ilustração:

Pt Cl Cl

Nos complexos com dienos conjugados os pares de elétrons π estão deslocalizados. Exemplos de ligantes desse tipo: ciclobutadieno, benzeno e o íon ciclopentadienil. Os complexos com esses ligantes são chamados **metalocenos**.

ciclobutadieno benzeno íon ciclopentadienil

Exemplos de complexos com esses ligantes:

$[Fe(CO)_3$(ciclobutadieno)] tricarbonil-η^4-ciclobutadienoferro(0)

$[Cr(C_6H_6)_2]$ bis(η^6-benzeno)crômio(0)

$[Fe(C_5H_5)_2]$ bis(η^5-ciclopentadienido) ferro(II) ou

bis(η^5-ciclopentadienil) ferro(0)

A ligação do metal a esses anéis-ligantes é indicada para o centro dos anéis, conforme as estruturas dos três complexos apresentadas a seguir.

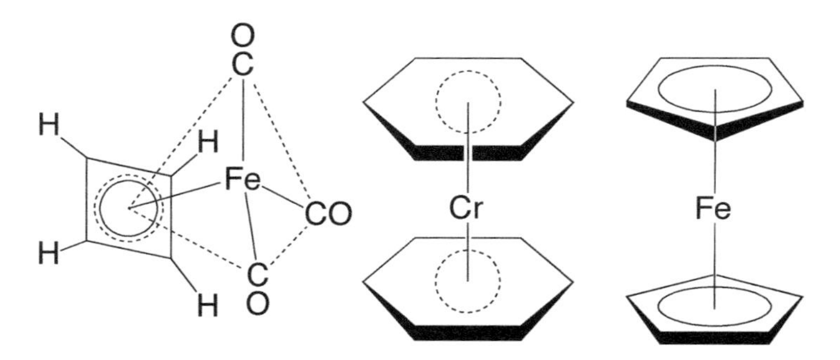

Essas ligações indicam que na forma neutra, o ciclobutadieno é um ligante doador de quatro elétrons e o C_6H_6 um ligante doador de seis elétrons. O $C_5H_5^-$ se apresenta na forma aniônica, como um ligante doador de seis elétrons.

Complexos como o $[Cr(C_6H_6)_2]$ são chamados compostos tipo "sanduíche", justamente porque o metal fica entre dois anéis benzênicos planos e paralelos. Na nomenclatura desses complexos utiliza-se o símbolo η (eta), chamado hapto, com um índice numérico superior que indica o número de átomos de carbono consecutivos ligados ao metal.

Exemplos:

$[PtCl_3(C_2H_4)]^-$	íon triclorido-η^2-etilenoplatinato(II)
$[Cr(C_3H_5)_3]$	tris(η^3-alil)crômio(0)
$[Fe(CO)_3$(ciclobutadieno)]	tricarbonil-η^4-ciclobutadienoferro(0)
$[Cr(C_6H_6)_2]$	di(η^6-benzeno)crômio(0)
$[U(C_8H_8)_2]$	bis(η^8-1,3,5,7-ciclooctatetraeno)urânio(0)

Na Tabela 7.1 estão os nomes dos radicais orgânicos mais utilizados na nomenclatura de compostos organometálicos.

Tabela 7.1 – Nomes de grupos orgânicos utilizados em nomenclatura de organometálicos

Fórmula do radical	Nomes
CH_3 -	metil
CH_3CH_2 -	etil
$CH_3CH_2CH_2$-	propil
$(H_3C)_2CH$ -	1-metil-etil (ou isopropil)
$CH_2{=}CHCH_2$-	alil
$(H_3C)_2CH{-}CH_2$-	2-metilpropil (ou isobutil)

Fórmula	Nome
$H_3C—CH_2—CH_2$- com CH_3 ligado ao segundo CH_2	1-metilpropil (ou sec-butil)
$CH_3—CH$- com dois CH_3 ligados ao CH	1,1-dimetil-etil (ou terc-butil)
H_2C e H_2C ligados entre si e ao CH- (anel de três membros)	ciclopropil
C_5H_5-	ciclopentadienil
C_6H_5-	fenil
$C_6H_5CH_2$-	benzil
H_3C–C(=O)–	acetil
CH_3CH_2–C(=O)–	propionil
CH_2=	metileno
CH_3CH=	etilideno
CH_3CH_2CH=	propilideno
CH_2=CH-	etenil (ou vinil)
HC≡C-	etinil

7.5 Nomenclatura alternativa para metalocenos

O primeiro metaloceno descoberto foi o $[Fe^{II}(C_5H_5)_2]$. Esse composto foi obtido, por acaso, em 1951. Em razão da enorme variedade de metalocenos existente, criou-se uma nomenclatura alternativa não sistemática, que vem sendo muito usada atualmente. Essa nomenclatura é baseada na unidade metaloceno, como nos exemplos:

$[Fe(\eta^5\text{-}C_5H_5)_2]$ ferroceno

$[V(\eta^5\text{-}C_5H_5)_2]$	vanadoceno
$[Cr(\eta^5\text{-}C_5H_5)_2]$	cromoceno
$[Co(\eta^5\text{-}C_5H_5)_2]$	cobaltoceno
$[Ni(\eta^5\text{-}C_5H_5)_2]$	niqueloceno
$[Ru(\eta^5\text{-}C_5H_5)_2]$	rutenoceno
$[Os(\eta^5\text{-}C_5H_5)_2]$	osmoceno

Pode-se acrescentar o nome do radical ou substituinte ligado à unidade metaloceno ou, eventualmente, usar a nomenclatura de substituição (orgânica) considerando o metaloceno como radical com terminação -il.

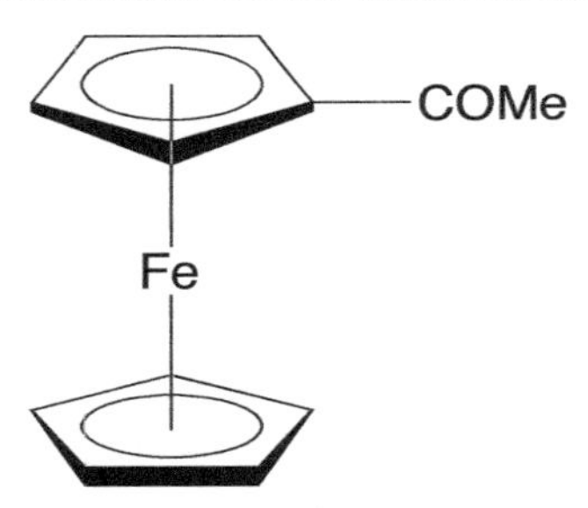

acetilferroceno ou 1-ferroceniletano-1-ona.

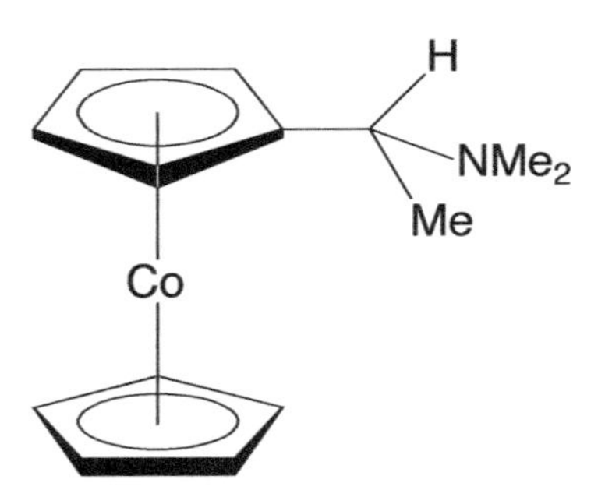

1-[1-(dimetilamino)etil]cobaltoceno ou

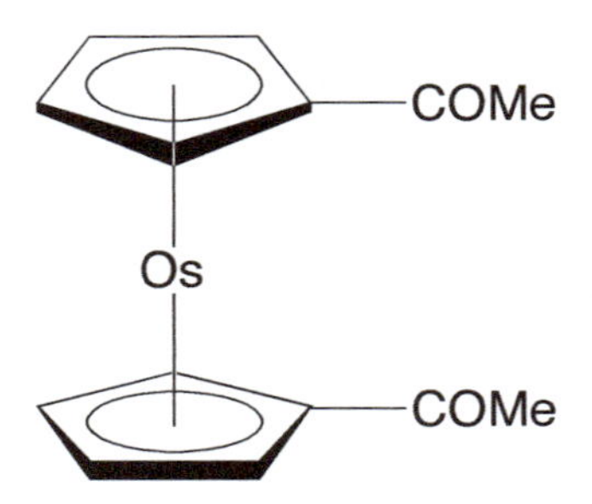

1,1'-diacetilosmoceno

No caso de metalocenos, em diferentes estados de oxidação, é recomendável o emprego da nomenclatura de coordenação, no lugar da nomenclatura dos metalocenos:

$[Fe(\eta^5\text{-}C_5H_5)_2]^+$ bis(η^5-ciclopentadienil)ferro(1+)

$[Co(\eta^5\text{-}C_5H_5)_2][PF_6]$

hexafluoridofosfato de bis(η^5-ciclopentadienil)cobalto(1+)

Isso também se aplica no caso de metalocenos mais complexos, como no exemplo:

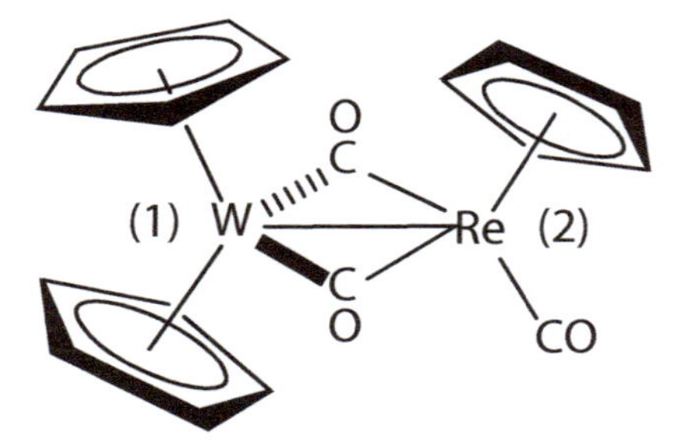

di-μ-carbonil-carbonil-2κ*C*-bis(1η^5-ciclopentadienil)(2η^5-ciclopentadienil)tungsteniorrenio(*W-Re*)

7.6 Considerações finais

A nomenclatura dos compostos inorgânicos e organometálicos pode ser formulada, na maioria dos casos, pelas regras simples apresentadas neste livro. Um grau maior de dificuldade será encontrado quando estiverem presentes espécies orgânicas complicadas ou sistemas poliméricos mais elaborados. Nesses casos, a consulta aos livros de referência da IUPAC será imprescindível. Nos casos mais difíceis, como último recurso, muitos autores têm apresentado a fórmula estrutural do composto juntamente com uma designação simplificada ou aproximada que o identifique no texto. Esse recurso é de natureza didática e visa dar maior fluência à leitura, sem comprometer o entendimento. Recomenda-se que as abreviaturas sejam sempre definidas na primeira vez em que o composto é citado no texto. Nos trabalhos mais longos, a inclusão de uma tabela de abreviaturas é outro procedimento bastante útil. Cabe uma atenção especial a espécies como o acetato, que deve ser expresso nas fórmulas como AcO, em vez de Ac (usado para acetil), e para o símbolo M, que é designativo de metal, em vez de Me (usado para metil). Da mesma forma, deve-se evitar o uso de símbolos estranhos à nomenclatura, exceto quando absolutamente necessário e depois de terem sido previamente definidos pelo autor.

REFERÊNCIAS BIBLIOGRÁFICAS

1. FRÉMY, E.M., *Ann. Chim. Phys.* 35: 227, 1852.
2. FRÉMY, E. M., *J. Prak. Chem.* 227: 237, 1936.
3. WERNER, A., Z. *Anorg. Chem.* 14: 23, 1897.
4. Disponível em: http://www.nobelprize.org/nobel_prizes/chemistry/laureates/1913. Acesso em: 8 mar. 2014.
5. TOMA, H. E. *Química de coordenação, organometálica e catálise*. São Paulo: Blucher, 2013.
6. FERNELIUS, W. C. In: *Werner Centenial*. Advances in Chemistry Series. R. F. Gould (ed.). ACS, Washington D.C. Vol. 62, cap. 11, p. 147, 1967.
7. FERNELIUS, W. C. In: *Chemical Nomenclature*. Advances in Chemistry Series. ACS, Washington D.C. Vol. 8, 1953.
8. *Definitive Rules for Nomenclature of Inorganic Chemistry*. IUPAC-1957. London: Butterworth, 1959.
9. Nomenclature of Inorganic Chemistry. IUPAC-1970. *Pure and Applied Chem.*, 28, 1, 1971.
10. LEIGH, G. J. (ed.). *Nomenclature of Inorganic Chemistry*. Recommendations 1990, IUPAC. Oxford: Blackwell, 1990.
11. McCLEVERTY, J. A.; CONNELLY N. G. (eds.). *Nomenclature of Inorganic Chemistry II*. Recommendations 2000, IUPAC. Cambridge: Royal Society of Chemistry, 2001.
12. CONNELLY, N. G.; DAMHUS, T.; HARTSHORN, R. M. *Nomenclature of Inorganic Chemistry*. Recommendations 2005, IUPAC. Cambridge: Royal Society of Chemistry, 2005.
13. *IUPAC Compendium of Chemical Terminology (Gold Book)*, 2012. Disponível em: http://goldbook.iupac.org/PDF/goldbook.pdf. Acesso em: 8 mar. 2014.
14. RHEINBOLDT, H. *Revista Brasil. Chim.*, 2: 129, 1936.

15. RHEINBOLDT, H.; CAMPOS, H. V. de. *Nomenclatura e notação de química inorgânica*. São Paulo, 1954.

16. FURIA, A. *Revista Brasil. Chim.*, 1, 13 1936.

17. KRAULEDAT, W. G. *Notação e nomenclatura de química inorgânica*. São Paulo: Blucher, 1960.

18. FERREIRA, A. M. da C.; TOMA, H. E.; MASSABNI, A. C. *Química Nova*, 7, 9, 1984.

19. BLOCK B. P.; POWELL W. H.; FERNELIUS W. C. *Inorganic Chemical Nomenclature – Principles and Practice*. Washington, DC: Am. Chem. Soc., 1990.

20. LEIGH OBE, G. J.; FAVRE H. A.; METANOMSKI W. V. *Principles of Chemical Nomenclature: A Guide to IUPAC Recommendations*. Oxford: Blackwell, 1998.

21. PANICO, R.; POWELL, W. H.; RICHER, J.-C. (eds.). *A Guide to IUPAC Nomenclature of Organic Compounds*. Recommendations IUPAC. Oxford: Blackwell, 1993.

22. *Guia IUPAC para a nomenclatura de compostos orgânicos*. Tradução portuguesa nas variantes europeia e brasileira do Guia IUPAC-1993 por A. C. Fernandes, B. Herold, H. Maia, A. P. Rauter, J. A. R. Rodrigues. Lisboa: Lidel, 2002.

23. LATIMER, W. M. *The Oxidation States of the Elements and their Potentials in Aqueous Solution*. New York: Prentice-Hall, 1938

24. JORGENSEN, C. K. *Oxidation Numbers and Oxidation States*. Berlin: Springer, 1969.

25. KAREN, P. Toward Comprehensive Definition of Oxidation State. Tema em discussão na IUPAC, 2013.

26. STOCK, A., *Angew. Chem.*, 32: 373, 1919.

27. STOCK, A., *Angew. Chem.*, 33: 79, 1920.

28. STOCK, A., *Angew Chem.*, 47: 568, 1934.

29. EWENS, V. G.; BASSET, H. *Chem. & Industry*, 131, 1949.

30. CAHN, R. S.; INGOLD, C.; PRELOG, V. *Angew Chem.* Int. Ed. 5: 385, 1966.